云南建设学校
国家中职示范校建设成果

国家中职示范校建设成果系列实训教材

建筑设备工程实训指导书

蒋　欣　主编
王和生　主审

中国建筑工业出版社

图书在版编目（CIP）数据

建筑设备工程实训指导书/蒋欣主编. —北京：中国建筑工业出版社，2014.11
国家中职示范校建设成果系列实训教材
ISBN 978-7-112-17014-2

Ⅰ.①建… Ⅱ.①蒋… Ⅲ.①房屋建筑设备-中等专业学校-教学参考资料 Ⅳ.①TU8

中国版本图书馆CIP数据核字（2015）第042613号

本书是《建筑设备工程》的配套实训指导书。全书共分为6个项目，分别为：建筑给水、建筑排水、建筑给水排水施工图、建筑强电、建筑弱电、建筑电气施工图。

本书可供中等职业学校建筑工程施工及相关专业学生使用，也可作为广大工程人员的自学教材。

* * *

责任编辑：陈 桦 聂 伟 刘平平
责任设计：李志立
责任校对：李美娜 赵 颖

云南建设学校国家中职示范校建设成果
国家中职示范校建设成果系列实训教材
建筑设备工程实训指导书
蒋 欣 主编
王和生 主审
*
中国建筑工业出版社出版、发行（北京西郊百万庄）
各地新华书店、建筑书店经销
北京红光制版公司制版
北京天来印务有限公司印刷
*
开本：787×1092毫米 1/16 印张：7¾ 字数：187千字
2015年4月第一版 2015年4月第一次印刷
定价：**23.00**元
ISBN 978-7-112-17014-2
（25837）

国家中职示范校建设成果系列实训教材

编审委员会

序　言

提升中等职业教育人才培养质量，需要我们大力推动专业设置与产业需求、课程内容与职业标准、教学过程与生产过程的“三对接”，积极推进学历证书和职业资格证书“双证书”制度，做到学以致用。

实现教学过程与生产过程的对接，全面提高学生素质、培养学生创新能力和实践能力，要求构造体现以教师为主导、以学生为主体、以实践为主线的中等职业教育现代教学方法体系。这就要求中等职业教育要从培养目标出发，运用理实一体化、目标教学法、行为导向法等教学方法，培养应用型、技能型人才。

但我国职业教育改革进程刚刚起步，以中等职业教育现代教学方法体系编写的教材较少，特别是体现理实一体化教学特点的实训教材非常缺乏，不能满足中等职业学校课程体系改革的要求。为了推动中等职业学校建筑类专业教学改革，作为国家中等职业教育改革发展示范学校的云南建设学校组织编写了《国家中职示范校建设成果系列实训教材》。

本套教材借鉴了国内外职业教育改革经验，注重学生实践动手能力的培养，涵盖了建筑类专业的主要专业核心课程和专业方向课程。本套教材按照住房和城乡建设部中等职业教育专业指导委员会最新专业教学标准和现行国家规范，以项目教学法为主要教学思路编写，并配有大量工程实例及分析，可作为全国中等职业教育建筑类专业教学改革的借鉴和参考。

由于时间仓促，编者水平和能力有限，本套教材肯定还存在许多不足之处，恳请广大读者批评指正。

《国家中职示范校建设成果系列实训教材》编审委员会

2014 年 5 月

前　言

本书是《建筑设备工程》（中国地质大学出版社，高殿宏、刘爱芝主编）配套实训指导书。

本书是为了配合教学需要，帮助学生全面理解教材内容，巩固所学知识，掌握一定操作能力而编写的；通过本实训指导书教师还可及时了解教学效果。实训内容包括：建筑给水、建筑排水、建筑给水排水施工图、建筑强电、建筑弱电和建筑电气施工图。本实训指导书严格按照教材的教学内容编写，并与之保持同步。实训内容丰富、知识完整，并做到由浅入深、循序渐进。为帮助学生理解、掌握教学重点，教师可根据需要安排全做，也可选择部分内容进行练习。

本书由云南建设学校蒋欣主编，李峰、王陈军、杨敏、王志彦参编，云南建设学校王和生主审。同时感谢王雁荣老师对本书编写提供的大力支持。

由于编者水平有限，加之时间仓促，本书在编写过程中难免存在疏漏和不妥之处，恳请读者批评指正。

目　录

项目1 建 筑 给 水

1.1 镀锌钢管的管材加工和连接

1.1.1 目的与要求

1. 任务目的

(1) 能正确理解镀锌钢管的加工程序及正确使用安装工具。

(2) 能正确进行镀锌钢管的下料。

(3) 能正确进行镀锌钢管的螺纹连接。

2. 任务要求

以小组为单位，使用各种常用给水管道安装工具，完成给水镀锌钢管的下料及螺纹连接。

1.1.2 工具与计划

1. 场地

校内实训中心给排水实训室。

2. 分组

一个小组2～4人。

3. 时间

1学时。

4. 仪器工具

(1) 管材及配件：镀锌钢管 *DN*15；镀锌90°弯头、镀锌三通接头。

(2) 安装工具：螺纹铰扳、管子台虎钳（带支架）、镀锌管割刀、卷尺、生料带（油蔴）、管钳。

1.1.3 要点与流程

1. 要点

(1) 镀锌管的螺纹连接一般适用于管径 *DN*≤100mm，使用温度－40～200℃的市政给水、建筑给水、一般工业供水等场合。

(2) 套丝时管径15～32mm一般套2次，丝扣应有锥度。

(3) 生料带的缠绕方向必须与螺纹拧进方向一致。

(4) 镀锌管螺纹连接的步骤：测量长度→切断→套螺纹→缠绕填料→连接。

2. 流程

(1) 进行管子实际下料长度的测算。

(2) 将管子台虎钳打开，按照计算好的下料长度用卷尺量取并画好标志线。

(3) 用镀锌管割刀沿标志线将管子割断。

(4) 将所要套丝的镀锌管放在台虎钳上并打紧。准备好手动套丝机，换上相应的板牙。将手柄安装好。

(5) 将套丝机套入镀锌管内，调节好套丝机方向，黑色方向箭头指向顺时针方向，将套丝机放平，不要歪斜，用力向镀锌管挤压，并顺时针按手柄，手柄按一下回一下。直到套丝机的板牙全部进去，然后将黑色方向箭头指向逆时针方向。向逆时针方向按手柄，开始退出板牙，直到全部退出。

(6) 将套好丝牙的镀锌管的丝牙中间加上一圈704胶，然后用生料带或油蔴顺时针缠绕15圈左右，然后装入相应的镀锌管接件中，并用扳手和管钳打紧。操作时，用力要均匀，只准进不准退，上紧管件后，管螺纹应剩余有2扣螺纹，并将残余填料（生料带或油蔴）清除干净。

1.1.4 规范与依据

1. 螺纹的规格应符合规范要求，管螺纹的加工采用套丝机套成。1/2″～3/4″的管子可采用人工套丝，丝扣套完后，应清理管口，将管口保持光滑，螺纹断丝缺丝不得超过螺纹总数的10%。连接应牢固，根部无外露填料（生料带或油蔴）现象，根部外露螺纹不宜多于2～3扣。

2. 套好丝牙的镀锌管的丝牙中间加上一圈704胶，然后用生料带顺时针缠绕15圈左右，然后装入相应的镀锌管接件中，并用扳手和管钳打紧。操作时，用力要均匀，只准进不准退，上紧管件后，管螺纹应剩余有2扣螺纹，并将残余填料（生料带或油蔴）清除干净。

3. 钢制管件采用国标S311。

1.1.5 项目工作页（表1-1）

表1-1

工作项目	建筑给水	工作任务	建筑排水系统安装
知识准备			
1. 管道下料长度如何计算？			

续表

工作项目	建筑给水	工作任务	建筑排水系统安装

知识准备

2. 镀锌钢管套丝要求有哪些？

3. 套好丝牙的镀锌管的丝牙中间加上一圈________，然后用生料带顺时针缠绕________圈左右，上紧管件后，管螺纹应剩余有________扣螺纹。

工作过程

根据图纸标注尺寸，计算各管段的下料长度

管段编号	安装长度	下料长度	管段编号	安装长度	下料长度

工作评价

你主要承担的工作内容：

序号	评价项目及权重	学生自评	小组评价
1	工作纪律和态度（20 分）		
2	工作量（30 分）		
3	实践操作能力（30 分）		
4	团队协作能力（20 分）		
	小计		
1	自评互评（40 分）		
2	小组成绩（20 分）		
3	工作情况（40 分）		
	总　分		

1.2 PP-R管的管材加工和连接

1.2.1 目的与要求

1. 任务目的

(1) 能正确使用PP-R管的电热熔连接的安装工具。

(2) 能正确进行PP-R管采用电热熔连接的下料长度计算。

(3) 能正确进行PP-R管的电热熔连接。

2. 任务要求

以小组为单位，使用各种常用给水管道安装工具，完成PP-R管的下料及电热熔连接操作。

1.2.2 工具与计划

1. 场地

校内实训中心给排水实训室。

2. 分组

一个小组2～4人。

3. 时间

1学时。

4. 仪器工具

(1) 管材及配件：给水PP-R管De20；PP-R管90°弯头、PP-R管三通。

(2) 安装工具：热熔机、PP-R管剪刀、卷尺、生料带、管钳。

1.2.3 要点与流程

1. 要点

(1) 应保持热熔管件与管材的熔合部位不受潮。

(2) 热熔承插连接管材的连接端应切割垂直，并应用洁净棉布擦净管材和管件连接面上的污物，并标出插入深度，刮除其表皮。

(3) 校直两对应的连接件，使其处于同一轴线上。

(4) 热熔连接机具与热熔管件的导线连通应正确。连接前，应检查通电加热的电压，加热时间应符合热熔连接机具与热熔管件生产厂家的有关规定。

(5) 在熔合及冷却过程中，不得移动、转动热熔管件和熔合的管道，不得在连接件上施加任何压力。

(6) 热熔连接的标准加热时间应由生产厂家提供，并应随环境温度的不同而加以调整。热熔连接的加热时间与环境温度的关系应符合规定。若热熔机具有温度自动补偿功能，则不需调整加热时间。

2. 流程

（1）进行管子实际下料长度的测算。

（2）按照计算好的下料长度用卷尺量取并画好标志线。

（3）用 PP-R 管剪刀沿标志线将管道剪断。

（4）热熔机上装配好相应的模头，接通电源，设定加热温度。

（5）使用切割器垂直切割管材，切口应平整无毛边 、毛刺。清洁管材管件的焊接部位，建议用 94%浓度的无水酒精。再用笔在管材上划出相应的熔接深度。

（6）热熔机温度达到后绿灯亮，请准备好管材管件在规定插入时间内，同时无旋转的插入模头，在管件推到尽头，管材到达划线部位时，保持这一位置并按加热时间进行加热计时。

（7）加热计时达到规定时间后，迅速同时将管材管件从加热模头无旋转的拔出，拔出后，迅速将管材沿管件中轴线无旋转的插入管件中。直至达到管材划线位置为止。

（8）因环境空间等因素限制，不能及时将管材插入管件时，其间隔时间不得超过规定的标准。

（9）管材插入管件后，双手应稳扶管材和管件，并按保持冷却时间计时，冷却期间的熔接产品只能轻微移动，应避免剧烈运动。

（10）冷却完成后，需对熔接接口进行外观检查，要求管材管件连接口平直，并完全熔合，内部无多余熔出物，外部熔出物均匀、干净、整齐。

1.2.4 规范与依据

1. 同种材质的（PB）管及管配件之间，应优先采用热熔连接，安装时使用的专用热熔机具应由管材供应厂商提供。不同材质的连接宜采用丝扣连接，暗敷墙体、地平面层内的管道不得采用丝扣或法兰连接。

2. 与金属管件连接，应采用带金属嵌件的（PB）管件作为过渡。该管件与塑料管采用热熔连接，与金属管件或卫生洁具五金配件采用丝扣连接。

3. 热熔连接工艺参数（表 1-2）

表 1-2

公称外径	熔接深度（mm）	插入时间	加热时间	间隔时间	保持冷却时间	自然冷却时间（min）
20	12～14	≤4s	4s	＜ 4s	≥15s	≥2
25	14～16	≤5s	6s	＜ 4s	≥15s	≥3
32	16～18	≤7s	8s	＜ 6s	≥20s	≥4

注意事项：热熔温度（260±10)℃，操作环境温度 23℃，若操作环境温度低于 10℃需适当延长加热时间 30% ，间隔时间缩短 30% ，若操作温度低于 5℃需适当延长加工时间 50% ，间隔时间缩短 50%。

1.2.5 项目工作页（表 1-3）

表 1-3

工作项目	建筑给水	工作任务	PP-R 管的热熔连接
知识准备			
1. 如何正确使用热熔机？ 2. 如何判断热熔连接接头质量是否合格？ 3. 管道连接采用热熔机加热管材和管件，管材和管件的热熔深度及加热时间应符合什么要求？			

工作过程					
根据图纸标注尺寸，计算各管段的下料长度					
管段编号	安装长度	下料长度	管段编号	安装长度	下料长度

工作评价
你主要承担的工作内容：

续表

序号	评价项目及权重	学生自评	小组评价
1	工作纪律和态度（20 分）		
2	工作量（30 分）		
3	实践操作能力（30 分）		
4	团队协作能力（20 分）		
小计			
1	自评互评（40 分）		
2	小组成绩（20 分）		
3	工作情况（40 分）		
总　分			

1.3　建筑生活给水系统安装

1.3.1　目的与要求

1. 任务目的

（1）了解生活给水系统的分类和组成。

（2）了解生活给水系统常用管材、管件和附件的种类、特性及规格表示方法。

（3）能正确进行建筑生活给水系统的安装。

2. 任务要求

以小组为单位，使用各种常用给水管道安装工具，完成图 1-1 所示建筑生活给水系统的安装。

1.3.2　工具与计划

1. 场地

校内实训中心给排水实训室。

2. 分组

一个小组 2～4 人。

3. 时间

1 学时。

4. 仪器工具

（1）THPWSD-1 型给排水设备安装与控制实训装置。

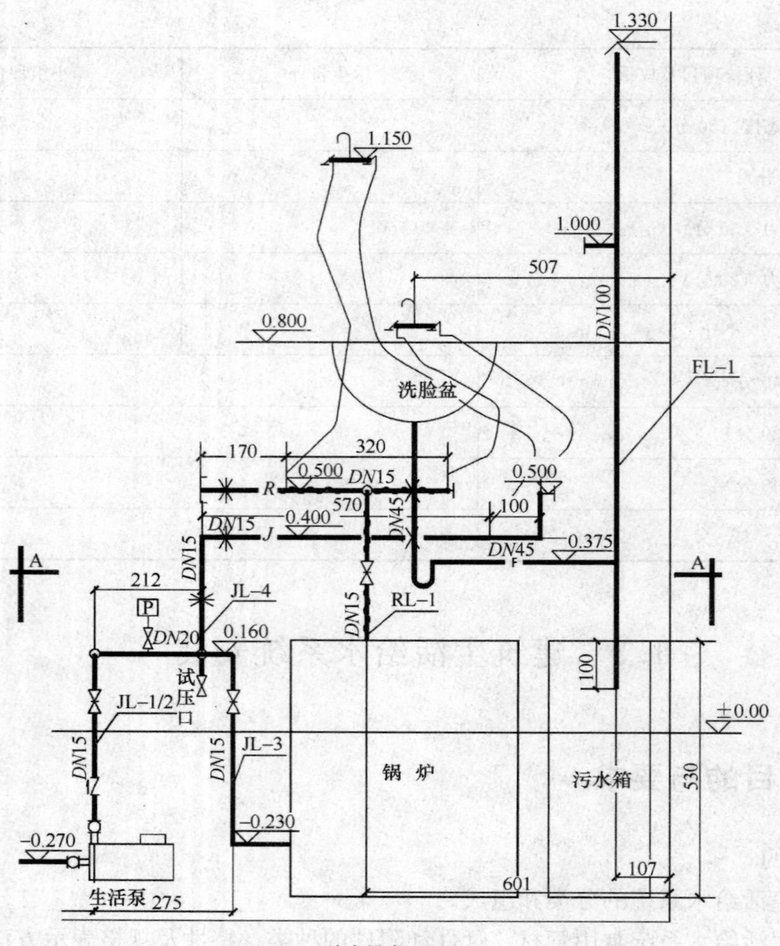

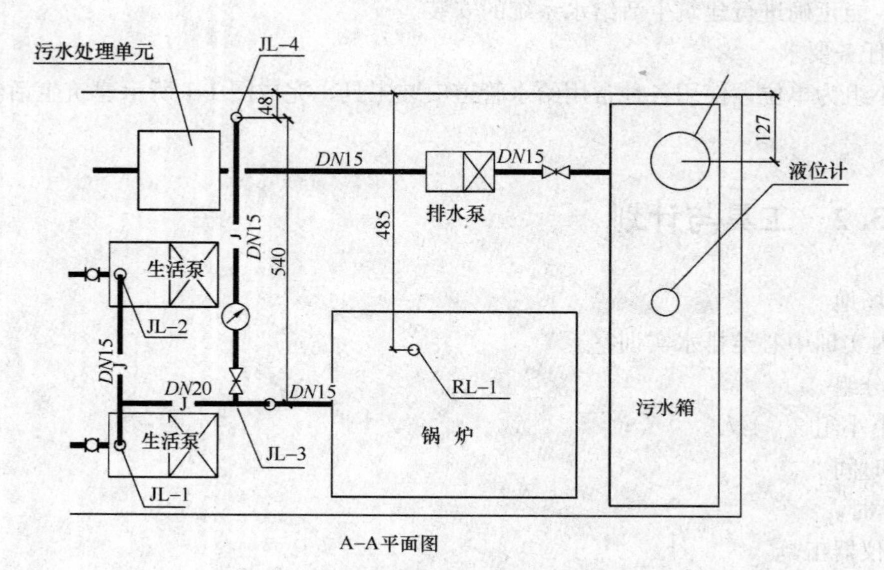

图 1-1　建筑生活给水系统图

（2）管材及配件：薄壁不锈钢复合管 *DN*20、*DN*15；不锈钢内牙三通、弯头、不锈钢外牙弯头、不锈钢外牙直接头、铜转接头、铜活接头。

（3）安装工具：扳手、复合管割刀、卷尺、生料带、管钳。

1.3.3 要点与流程

1. 要点

（1）生活给水系统中的引水管采用不锈钢复合管，连接方式是卡压式连接，其切割方式采用专门的割刀切割。

（2）不锈钢复合管切断时，注意割刀不要压得太紧，不要用太大的力以防将复合管压变形。

（3）卡压式连接时密封胶圈的方向必须符合要求。

（4）冷、热水管同时安装时应符合下列规定：

1）上、下平行安装时热水管应在冷水管上方；

2）垂直平行安装时热水管应在冷水管左边。

（5）水表安装到管道上之前，应先清除管道中的污物（用水冲洗），以免污物堵塞水表。水表应水平安装，并使水表外壳上的箭头方向与水流方向一致，不得装反。

2. 流程

（1）薄壁不锈钢复合管主要操作流程

1）首先选中所需要的不锈钢复合管型号（例如 *DN*20、*DN*25）。

2）用卷尺度量好所需要的尺寸长度，并用记号笔画下标记。

3）打开割刀，利用割刀手柄上螺母逆时针旋转来调节割刀的刀片与前滚轮之间的间距，保证所要切割的不锈钢复合管能放进去。

4）将割刀刀片对准不锈钢复合管上的记号笔标记，然后再次利用割刀手柄上的螺母顺时针旋转将不锈钢复合管压紧。注意不要压得太紧，不要用太大的力以防将复合管被压变形。

5）将复合管用割刀压紧后，用左手将不锈钢复合管抓牢，然后用右手顺时针旋转割刀，开始对不锈钢复合管进行切割，直到将复合管切割断。注意在切割过程中，要缓慢地顺时针调节割刀手柄上的螺母，以便割刀刀片逐渐深入到管内。

6）将管接件接头（枫叶管接件）一头螺母旋开，然后按照螺母、铜缺口环、铜封口环、白色密封圈顺序套入不锈钢复合管上，最后再插入管接件中，锁紧螺母。

（2）生活给水系统安装工艺流程如图 1-2 所示。

1.3.4 规范与依据

1.《给水排水管道工程施工及验收规范》GB 50268—2008。

2.《建筑给水超薄壁不锈钢塑料复合管管道工程技术规程》CECS 135—2002。

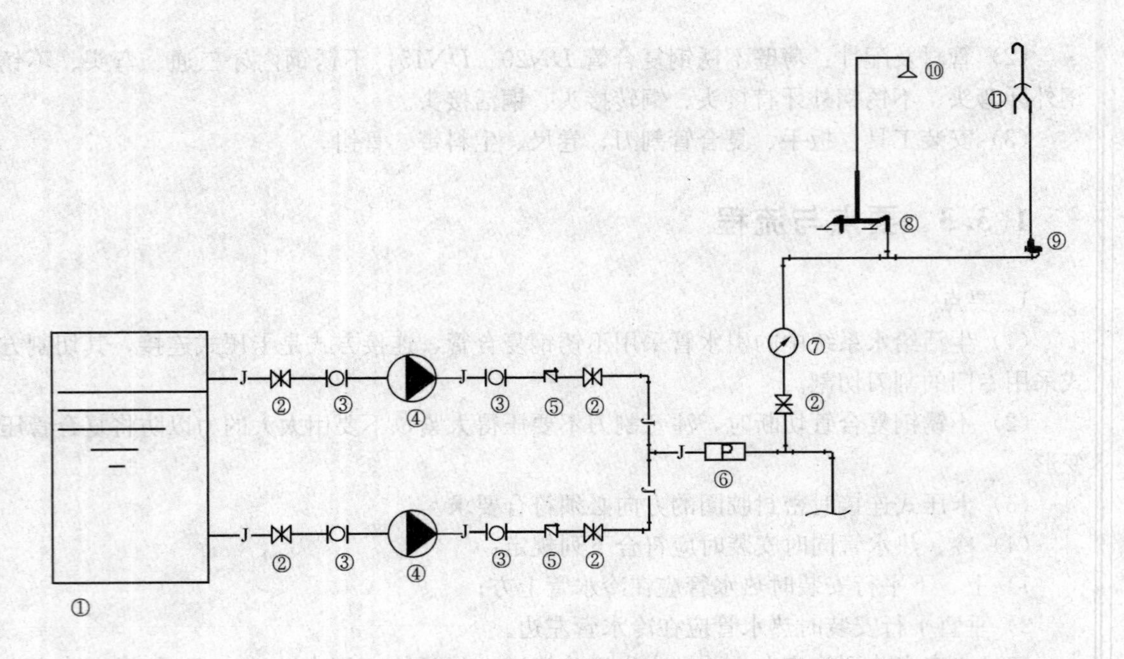

图 1-2　生活给水系统工艺流程图

①—给水箱；②—闸阀；③—橡胶软接头；④—变频磁力水泵；⑤—止回阀；⑥—压力变送器；⑦—脉冲式水表；⑧—淋浴混合水龙头；⑨—角阀；⑩—淋浴喷头；⑪—混合水龙头

1.3.5　项目工作页（表 1-4）

表 1-4

工作项目	建筑给水	工作任务	建筑生活给水系统安装
知识准备			
1. 薄壁不锈钢复合管主要操作流程及要求有哪些？			
2. 压力变送器、脉冲式水表的主要作用是什么？			

续表

工作项目	建筑给水	工作任务	建筑生活给水系统安装

知识准备

3. 为了防止水泵运行时造成管道振动，水泵进出口应安装＿＿＿＿＿＿＿＿＿＿＿。

4. 水表安装时水表外壳上的箭头方向与＿＿＿＿＿＿＿＿＿＿方向一致。

工作过程

生活水泵出水口至水龙头、淋浴器之间管路的材料清单

序号	材料名称	规格	数量	单位	备注
1					
2					
3					
4					
5					
6					
7					
8					
9					
10					
11					
12					
13					

工作评价

你主要承担的工作内容：

序号	评价项目及权重	学生自评	小组评价
1	工作纪律和态度（20分）		
2	工作量（30分）		
3	实践操作能力（30分）		
4	团队协作能力（20分）		
	小　计		
1	自评互评（40分）		
2	小组成绩（20分）		
3	工作情况（40分）		
	总　分		

1.4 建筑消防给水系统安装

1.4.1 目的与要求

1. 任务目的

(1) 了解消防给水系统的分类和组成。

(2) 了解消防给水系统常用管材、管件和附件的种类、特性及规格表示方法。

(3) 能正确进行自动喷淋灭火系统的安装。

2. 任务要求

以小组为单位，使用各种常用给水管道安装工具，完成图 1-3 所示自动喷淋灭火系统的安装。

1.4.2 工具与计划

1. 场地

校内实训中心给排水实训室。

2. 分组

一个小组 2～4 人。

3. 时间

1 学时。

4. 仪器工具

(1) THPWSD-1 型给排水设备安装与控制实训装置。

(2) 管材及配件：镀锌钢管 *DN*25、*DN*20、*DN*15；镀锌变径接头、镀锌 90°弯头、镀锌活接头、镀锌直通接头、镀锌三通接头、橡胶软接头等。

(3) 安装工具：螺纹铰扳、管子台虎钳（带支架）、镀锌管割刀、卷尺、生料带、管钳。

1.4.3 要点与流程

1. 要点

(1) 自动喷淋灭火系统一般采用镀锌钢管，当 $DN \leqslant 100$mm 采用螺纹连接，$DN>100$mm 采用法兰连接。随着新技术、新工艺的应用，对于 $DN>100$mm 采用沟槽式卡箍连接，与设备、阀门等连接采用沟槽式法兰连接。

(2) 自动喷淋灭火系统喷头与管道支吊架的距离不小于 300mm，吊架与末端喷头的距离不大于 750mm，支吊架应设置在相邻喷头间的管段上。在施工图纸未明确时，当相邻喷头间距不大于 3.6m 时可设一个支吊架，当间距小于 1.3m 时可间隔设置支架。

(3) 自动喷淋灭火系统管道的管径大于等于 50mm 时，每段管道至少应设置一个防

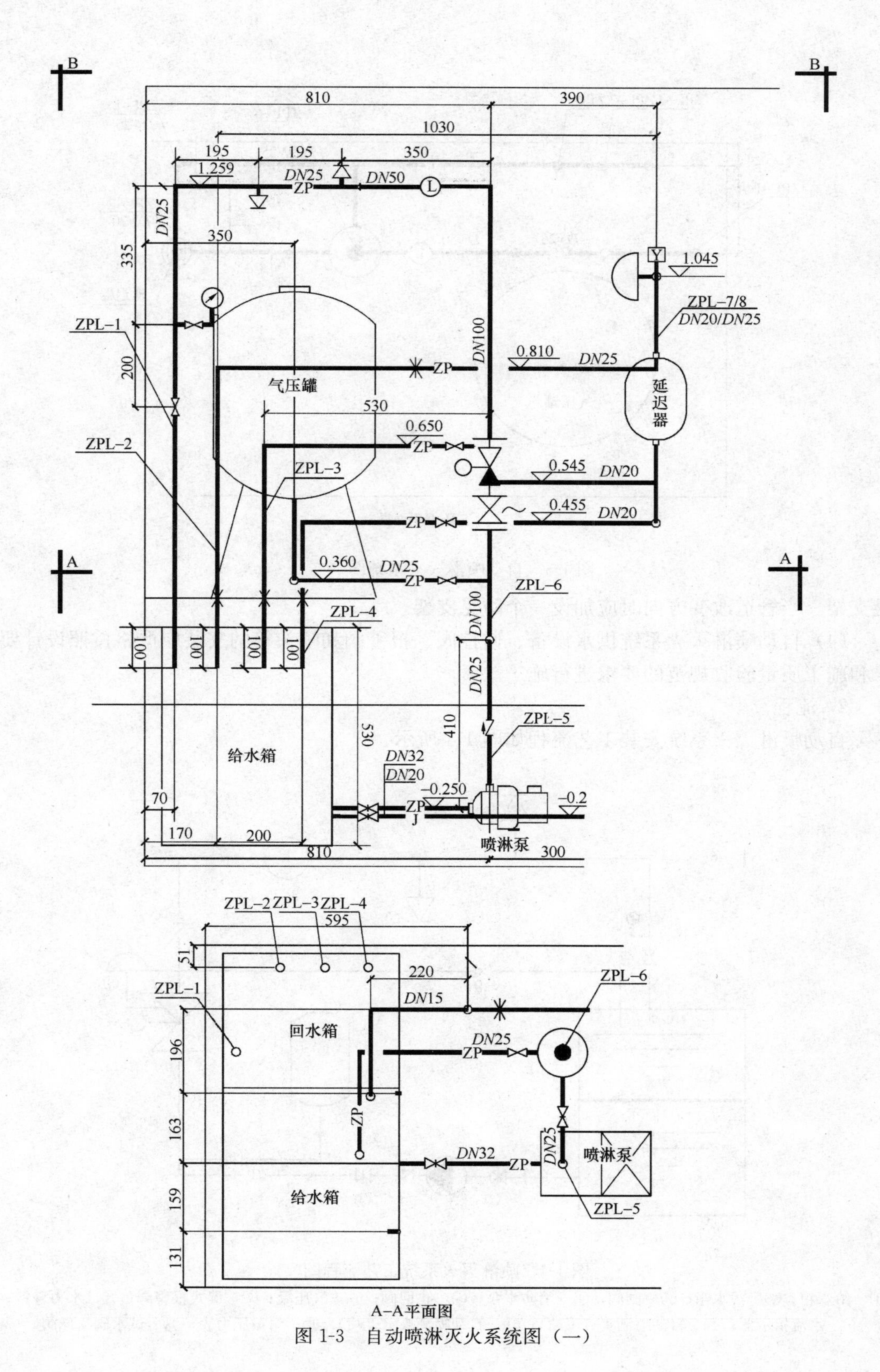

图 1-3 自动喷淋灭火系统图（一）

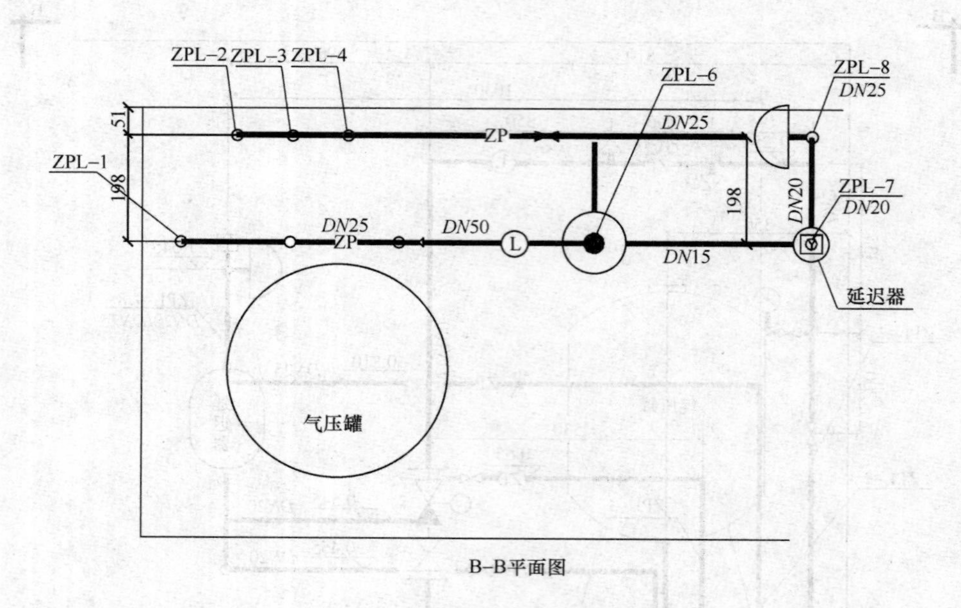

图 1-3　自动喷淋灭火系统图（二）

晃支架。当管道改变方向时应加设一个防晃支架。

（4）自动喷淋灭火系统供水设备、监控阀、报警阀和喷头等的安装应严格按照设计要求和施工质量验收规范的要求进行施工。

2. 流程

自动喷淋灭火系统安装工艺流程如图 1-4 所示。

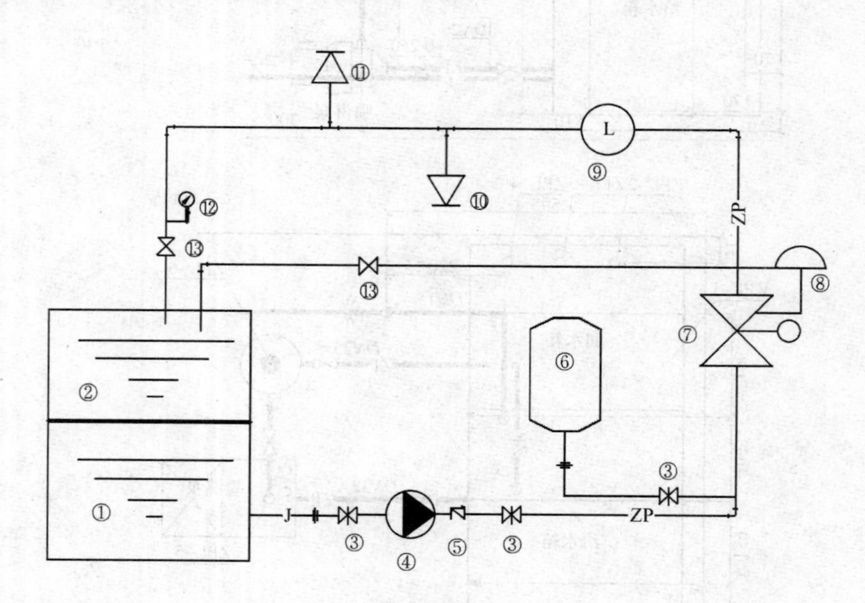

图 1-4　喷淋灭火系统工艺流程图

①—给水箱；②—污水箱；③—闸阀；④—消防水泵；⑤—止回阀；⑥—气压罐；⑦—湿式报警阀；⑧—水力警铃；⑨—水流指示器；⑩—自动喷洒头（下喷）；⑪—自动喷洒头（上喷）；⑫—耐振压力表；⑬—试水阀（球阀）

1.4.4 规范与依据

《自动喷水灭火系统施工及验收规范》GB 50261—2005。

1.4.5 项目工作页（表1-5）

表1-5

工作项目	建筑给水	工作任务	建筑消防给水系统安装
知识准备			
1. 自动喷水灭火系统由哪些部分组成？ 2. 简述自动喷水灭火工作原理。 3. 水流指示器在系统中起什么作用？			

续表

工作过程					
水流指示器至末端试水阀之间管路的材料清单					
序号	材料名称	规格	数量	单位	备注
1					
2					
3					
4					
5					
6					
7					
8					
9					
10					
11					
12					
13					
消防报警管路延迟器排水管路的材料清单					
序号	材料名称	规格	数量	单位	备注
1					
2					
3					
4					
5					
6					
7					
8					
9					
10					
11					

续表

消防报警管路延迟器出水管路的材料清单

序号	材料名称	规格	数量	单位	备注
1					
2					
3					
4					
5					
6					
7					
8					
9					
10					
11					
12					
13					

工作评价

你主要承担的工作内容：

序号	评价项目及权重	学生自评	小组评价
1	工作纪律和态度（20分）		
2	工作量（30分）		
3	实践操作能力（30分）		
4	团队协作能力（20分）		
	小计		
1	自评互评（40分）		
2	小组成绩（20分）		
3	工作情况（40分）		
	总　分		

1.5 建筑给水管道水压试验

1.5.1 目的与要求

1. 任务目的

(1) 能正确计算管道的试验压力。

(2) 能正确操作水压试验设备。

(3) 能正确进行给水管道的水压试验。

2. 任务要求

以小组为单位，使用手压泵，完成生活给水系统及自动喷水灭火系统的水压试验。

1.5.2 工具与计划

1. 场地

校内实训中心给排水实训室。

2. 分组

一个小组 2～4 人。

3. 时间

1 学时。

4. 仪器工具

(1) THPWSD-1 型给排水设备安装与控制实训装置。

(2) 手压泵。

1.5.3 要点与流程

1. 要点

(1) 室内给水管道的水压试验必须符合设计要求。当设计未注明时，各种材质的给水管道系统试验压力均为工作压力的 1.5 倍，但不得小于 0.6MPa。

(2) 检验方法：金属及复合管给水管道系统在试验压力下观测 10min，压力降不应大于 0.02MPa，然后降到工作压力进行检查，应不渗不漏；塑料管给水系统应在试验压力下稳压 1h，压力降不得超过 0.05MPa，然后在工作压力的 1.15 倍状态下稳压 2h，压力降不得超过 0.03MPa，同时检查各连接处不得渗漏。

(3) 管道排空是为了保证室内给水管系统压力试验的准确性，一定要认真做好。

2. 流程

室内给水管道水压试验操作程序如下：

(1) 连接试压泵：试压泵通过连接软管从室内给水管道较低的管道出水口接入室内给水管道系统。

(2) 向管道注水：打开进户总水阀向室内给水管系统注水，同时打开试压泵卸压开关，待管道内注满水并通过试压泵水箱注满水后，立即关闭进户总水阀和试压泵卸压开关。

(3) 向管道加压：按动试压泵手柄向室内给水管系统加压，致试压泵压力表批指示压力达到试验压力（0.6MPa）时停止加压。

(4) 排出管道空气：缓慢拧松各出水口堵头，待听到空气排出或有水喷出时立即拧紧堵头。

(5) 继续向管道加压：再次按动试压泵手柄向室内给水管系统加压，致试压泵压力表批指示压力达到试验压力（0.6MPa）时停止加压。然后按（GB 50242—2002）4.2.1规定的检验方法完成室内给水管系统压力试验．试验完成后，打开试压泵卸压开关卸去管道内压力。

1.5.4 规范与依据

1.《自动喷水灭火系统施工及验收规范》GB 50261—2005。

2.《建筑给水排水及采暖工程施工质量验收规范》GB 50242—2002。

1.5.5 项目工作页（表1-6）

表 1-6

工作项目	建筑给水	工作任务	建筑给水系统水压试验
知识准备			
1. 建筑给水系统水压试验的试验压力如何确定？			
2. 简述水压试验程序。			
3. 造成水压试验失败的可能原因一般有哪些？			

续表

工作过程							
室内给水管道水压试验记录表							
小组工位号				组长		试验日期	年 月 日
试验内容		强度试验				严密性试验	
管段编号	工作压力（MPa）	试验压力（MPa）	试验持续时间		压力降（MPa）	工作压力（MPa）	试验情况
			起始时间	终始时间			
确认安装检查结果		竞赛小组成员：					

工作评价			
你主要承担的工作内容：			
序号	评价项目及权重	学生自评	小组评价
1	工作纪律和态度（20 分）		
2	工作量（30 分）		
3	实践操作能力（30 分）		
4	团队协作能力（20 分）		
小计			
1	自评互评（40 分）		
2	小组成绩（20 分）		
3	工作情况（40 分）		
总　分			

项目2 建 筑 排 水

2.1 建筑排水系统安装

2.1.1 目的与要求

1. 任务目的

(1) 能读懂系统图。

(2) 能识别各种管件并明白其作用。

(3) 会通过图纸进行算量，下料。

2. 任务要求

以小组为单位，识别各种管件，明白其作用。通过平面图和系统图的识读，确定管道的规格及实际长度，并完成管道的下料。

2.1.2 工具与计划

1. 场地

学校给排水实训室。

2. 分组

一个小组4～8人。

3. 时间

1课时。

4. 仪器工具

(1) 实训室给排水设备实训装置、排水管道、管接件、台虎钳、钢锯、钢卷尺。

(2) 自带计算器、钢卷尺、草稿纸。

2.1.3 要点与流程

1. 要点

(1) 水平管的计算方法：在平面图中，根据图上尺寸标注，按比例尺换算。

竖直管的计算方法：在系统图中，根据标高采用标高差法计算：

竖直管长度＝上节点标高—下节点标高

(2) 认识排水系统组成

1）台面盆：采用的是陶瓷制作的。其安装方法是：台盆的上表面与地面（本装置中采用地标线的形式）的距离是 800mm。

2）黄铜闸阀：主要安装在污水箱出口与排水泵之间，用来关闭污水源的。

3）UPVC 管：主要是用于排水管路，UPVC 管具有优良的物理化学性能，耐腐蚀性强，不受腐蚀性土壤的影响；可耐化学物品包括强酸、强碱；不受真菌和细菌的侵害，是建筑排水、排污管道的理想材料。

4）存水弯：存水弯的类型主要有 S 型和 P 型两种。其主要作用是在其内形成一定的高度 的水封，阻止排水系统中的有害气体或虫类进入室内，保证室内的环境卫生。存水弯的主要材料是聚氯乙烯。S 型存水弯常用在排水支管与排水横管垂直连接的部位，P 型存水弯常用在排水支管与排水横管和排水立管不在同一平面位置而连接的部位。

5）立检口：主要是用来检查管道中堵塞情况的，方便清通管道，保证排水管道的通畅和卫生器具正常使用。本系统立检口选用的是 *DN*110 规格的。检查口设置高度一般距地面 1m 为宜。

6）管子台虎钳：主要是用来作为 UPVC 管锯切时的台架。

7）钢锯及锯条：主要是用来锯切 UPVC 用的，钢锯的使用要按照正确的使用方法操作。

8）UPVC 胶水：主要是用来粘接 UPVC 管和其管件之间的连接。

9）通气管及透气帽：聚氯乙烯材料制成，主要作用是排出排水管管道中的有害气体和臭气，平衡管内压力，减少排水管道内气压变化的幅度，防止水封因压力失衡而被破坏，保证水流畅通。通气帽安装于通气管的顶端，主要防止杂物进入排水管内。

10）排水泵：主要是用来抽排污水箱中的污水用的。其主要参数为：额定功率为 95W，额定扬程 2m，额定流量 18L/min，电压 220V。

11）污水处理装置：采用有机玻璃材料制作，主要是用来模拟对污水处理环节达到中水的 效果。其内部主要模拟了一个格栅和调节池系统环节。

12）浮球式液位计：主要是用来计量污水箱中污水的水位，与排水泵一起使用，使污水箱 中的污水达到一定水位后，开启排水泵，避免污水箱中污水过满而溢出水箱。其安装方式是：

首先将液位计安装在有机玻璃固定座上（螺纹打紧），然后将有机玻璃安装座固定在不锈钢水箱上，穿螺钉打紧。

13）淋浴混合水龙头：安装与网孔板上，与地面高度为 1150mm。具体操作为，先将混合水龙头从前方插入“U”孔中，并用尺子度量好高度尺寸，然后将有机玻璃螺母打紧。

14）管接件：排水管路中管材多为金属管材和非金属管材，金属管材多为铸铁管和钢管，非金属管材多采用混凝土管、钢筋混凝土管和塑料管，本系统中主要采用的是 UPVC 塑料管材，此种管材具有重量轻、外表美观、内壁光滑、水流阻力小、不易堵塞等特点。注管件在安装时应完整，无缺损、变形、开裂。

2. 流程（图 2-1）

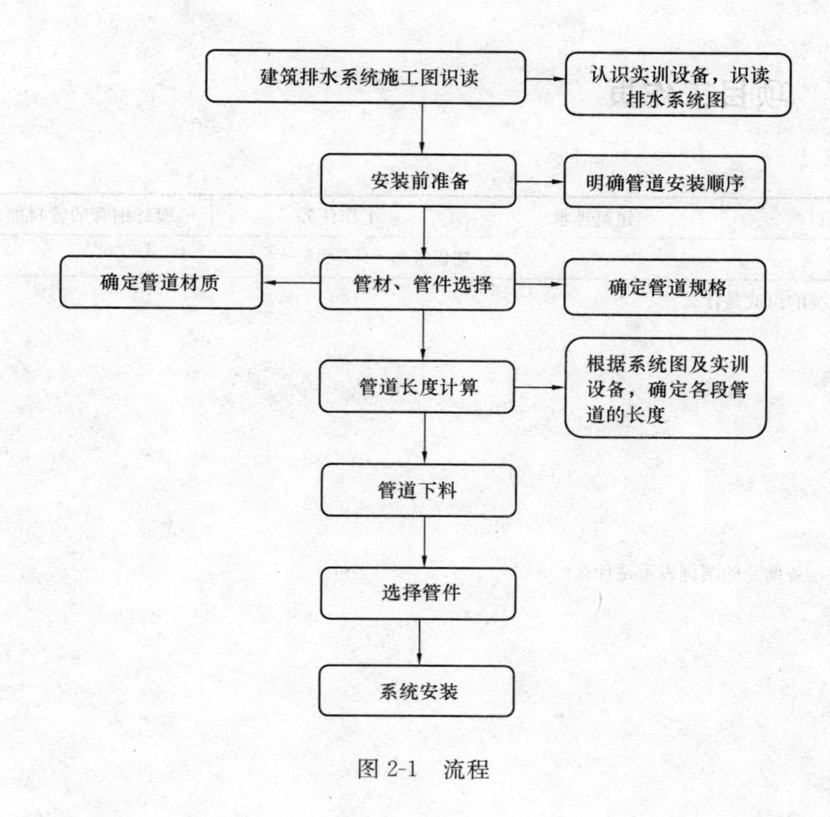

图 2-1　流程

2.1.4　规范与依据

1. 一般规定

(1) 管道工程应根据住户要求安装，完工后必须进行试压，检查合格后，才可进行其他装饰工程。

(2) 管道安装必须横平竖直。排水管道必须畅通。

2. 技术要求及验收标准

(1) 安装浴缸必须要保留检修口，严禁使用塑料软管连接的浴缸落水，浴缸落水口必须对准地面的浴缸下水，并必须作好密封。安装好以后，应经过盛水实验，合格后，才可以封检修口。

(2) 暗埋及明装排水或下水管道一律使用 PVC 管，不得使用软管，接口处必须密封不渗水。

(3) 大容量的用水设备（浴缸、污水盆）排水管的管径应不小于 50mm，普通排水管的管径必须不小于 40mm，排水管的连接处必须牢固，不渗水；排水管与排水口的连接必须密封不渗水。

(4) 排水横管（*D*40—50mm）的标准坡度为 0.035，最小坡度为 0.025，及每米的管道落差最小为 25mm，长度小于 1.5m，可相应降低标准。

2.1.5 项目工作页

表 2-1

工作项目	建筑排水	工作任务	镀锌钢管的管材加工和连接
知识准备			
1. 建筑排水系统的组成是什么？ 2. 上述组成中，各部分的图例表示是什么？ 3. 如何通过平面图和系统图计算水平管和立管的长度？ 4. 排水系统的管道安装顺序是什么？			

续表

工作过程

1. 各个小组阅读系统图，明确排水系统各组成在不锈钢钢架上的布置。

2. 识别实训室的各种管件，并写出其作用。

（1）名称：

作用：

（2）名称：

作用：

（3）名称：

作用：

（4）名称：

作用：

（5）名称：

作用：

3. 根据实训室实验钢架和系统图，确定排水系统各管道的规格及长度，并做记录。

管道材料	管道规格	管道长度

工作评价

你主要承担的工作内容：

序号	评价项目及权重	学生自评	小组评价
1	工作纪律和态度（20分）		
2	工作量（30分）		
3	实践操作能力（30分）		
4	团队协作能力（20分）		
小计			
1	自评互评（40分）		
2	小组成绩（20分）		
3	工作情况（40分）		
总　分			

2.2 排水管（U-PVC）连接

2.2.1 目的与要求

1. 任务目的

(1) 学会正确使用钢锯。

(2) 会识读图纸，进行管道下料。

(3) 能熟练地锯切管材。

(4) 能将管材和管件做良好的连接。

2. 任务要求

以小组为单位，通过对 UPVC 管道的认识，并完成管道的承插粘接，填写学生工作页。

2.2.2 工具与计划

1. 场地

学校给排水系统实训室。

2. 分组

一个小组 4～8 人。

3. 时间

1 学时。

4. 仪器工具

(1) UPVC 胶水、钢锯及锯条、管子台虎钳。

(2) 自带铅笔、记录板。

2.2.3 要点与流程

1. 要点

(1) 实施步骤

根据图纸要求并结合实际情况，绘制加工草图。根据草图量好管道尺寸，进行断管。断口要平齐，用铣刀或刮刀除掉断口内外飞刺，外棱铣出 15°角。粘接前应对承插口先插入试验，不得全部插入，一般为承口的 3/4 深度。度试插合格后，用棉布将承插口需粘接的部位的水分、灰尘擦拭干净。如有油污需用丙酮除掉。用毛刷涂抹粘接剂，先涂抹承口后涂抹插口，随即垂直插入，插入粘接进将插口稍作转动，以利粘接剂分布均匀，约 20～30min 即可粘接牢固。粘牢后立即将溢出的粘接剂擦拭干净。多口粘连时应注意预留口方向。

(2) 进行管道下料、切割及连接时的注意事项

①锯管长度应根据实测并结合各连接件的尺寸逐层确定；

②锯管工具宜选用细齿锯、割刀和割管机等机具，断口应平整并垂直于轴线，断面处不得有任何变形；

③插口处可用中号板锉锉成15°～30°坡口，坡口厚度宜为管壁厚度的1/3～1 /2，长度一般不小于3mm，坡口完成后应将残屑清除干净；

④粘合面的清理：管材或管件在粘合前应用棉纱或干布将承口内侧和插口外侧擦拭干净，使被粘结面保持清洁，无尘砂与水迹，当表面沾有油污时，须用棉纱蘸丙酮等清洁剂擦净；

⑤管端插入承口深度：配管时应将管材与管件承口试插一次，在其表面划出标记，管端插入承口的深度不得小于表2-2规定；

承口插入的深度 **表2-2**

公称外径（mm）	承口深度（mm）	插口深度（mm）
50	25	19
75	40	30
110	50	38
120	20	45

⑥胶粘剂涂刷：用油刷蘸胶粘剂涂刷被粘接插口外侧及粘接承口内侧时，应轴向涂刷，动作迅速，涂抹均匀，且涂刷的胶粘剂应适量，不得漏涂或涂抹过厚，冬期施工时必须注意，应先涂承口，后涂插口；

⑦承插接口的连接：承插口涂刷胶粘剂后，应立即找正方向将管子插入其口，使其准直，再加力挤压，应使管端插入深度符合所划标记，并保证承插接口的直度和接口位置正确，还应保持静待2～3min，防止接口滑脱，预制管段节点间误差应不大于5mm；

⑧承插接口的养护：承插接口插接完毕后，应将挤出的胶粘剂用棉纱或干布蘸清洁剂擦拭干净；根据胶粘剂的性能和气候条件静置至接口固化为止，冬期施工时固化时间应适当延长。

2. 流程

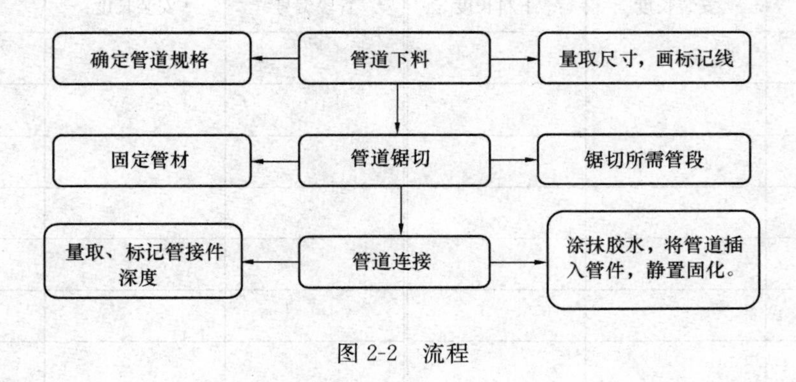

图2-2 流程

2.2.4 规范与依据

手工钢锯的使用，应符合下列要求：

(1) 应按管材厚度选用锯条，薄壁管宜用细齿锯条，厚壁管宜用中齿锯条；

(2) 安装锯条时，应将锯齿向前，切勿将锯装反，并且锯条应拉直、拉紧；

(3) 锯管时，应将管子压紧，以免颤动折断锯条；

(4) 手工操锯时，一手在前，一手在后。向前推时，应稍加压力，以增加切割速度，往回拉时，前手放松，以减少锯齿磨损。

2.2.5 项目工作页（表 2-3）

表 2-3

工作项目	建筑排水	工作任务	排水管（U-PVC）连接
知识准备			
1. 常用的排水管道管材类别，列出各种管材的特点？			
2. 管道公称外径为 110mm，与管件进行连接时，标记线距管道末端多长？			

工作过程

根据图纸标注尺寸，计算各管段的下料长度

管段编号	安装长度	下料长度	管段编号	安装长度	下料长度

续表

工作评价
你主要承担的工作内容：

序号	评价项目及权重	学生自评	小组评价
1	工作纪律和态度（20分）		
2	工作量（30分）		
3	实践操作能力（30分）		
4	团队协作能力（20分）		
小计			
1	自评互评（40分）		
2	小组成绩（20分）		
3	工作情况（40分）		
总　分			

2.3 排水管道通球、灌水试验

2.3.1 目的与要求

1. 任务目的

（1）理解排水系统的严密性、畅通性的试验原理。

（2）会进行管道的通球试验。

（3）能进行管道的灌水试验。

2. 任务要求

以小组为单位，对室内排水管道实施通球、灌水试验，每人轮流观测、记录，并完成学生工作页。

2.3.2 工具与计划

1. 场地

学校校园。

2. 分组

一个小组 4～8 人。

3. 时间

1 学时。

4. 仪器工具

(1) 水桶、气筒、气囊、压力表、胶管、胶球。

(2) 自带计时器、铅笔、记录板。

2.3.3 要点与流程

1. 要点

(1) 建筑给排水灌水试验

灌水试验是指建筑给排水管道的隐蔽或埋地管道在隐蔽前以及室内雨水管在交工前为检查管道及其接口是否渗漏而进行的试验。

生活污水、废水管道在隐蔽前必须做灌水试验，其灌水高度应是一层楼的高度，且不低于上层卫生器具排水管口的上边缘，满水最少 30min；满水 15min 液面下降后，再灌满观察 15min，液面不下降，管道及接口无渗漏为合格。

地漏灌水至地坪用水器具排水管甩口标高处，打开检查口，先用卷尺在管道外侧大概测量从检查口至被检查管段相应位置的距离，然后量出所需伸入排水管检查口内胶管的长度，并在胶管上作好记号，以控制胶囊进入管内的位置；用胶管从方便的管口向管道内灌水，边灌水边观察水位，直到灌水水面高出卫生器具管口为止，停止灌水，记下管内水面位置和停止灌水时间，并对管道、接口逐一检查，从开始灌水时即设专人检查监视易跑水部位，发现堵盖不严或管道出现漏水时均应停止向管道内灌水；停止灌水 15min 后如未发现管道及接口渗漏，再次向管道内灌水，使管内水面回复到停止灌水时的位置后第二次记下时间；在第二次灌满水 15min 后，对卫生器具排水管口内水面进行检查，水面位置没有下降则管道灌水试验合格。试验合格后，排净管道中积水，并封堵各管口。

灌水试验图如图 2-3 所示。

(2) 建筑给排水通球试验

通水试验是指建筑给排水工程中的管道和卫生器具在交工前为检查排水是否畅通而进行的试验。室内排水立管或干管在安装结束后，需用直径不小于管径 2/3 的橡胶球、铁球或木球进行管道通球试验。通球试验应从上至下进行，胶球从排水立管顶端投入，注入一定水量于管内，使球能顺利流出为合格；通球过程如遇堵塞，应查明位置进行疏通，直到通球无阻为止。

通球时，为了防止球滞留在管道内，必须用线贯穿并系牢（线长略大于立管总高度）然后将球从伸出屋面的通气口向下投入，看球能否顺利地通过主管并从出户弯头处溜出，如能顺利通过，说明主管无堵塞。如果通球受阻，可拉出通球，测量线的放出长度，则可判断受阻部位，然后进行疏通处理，反复作通球试验，直至管道通畅为止，如果出户管弯头后的横向管段较长，通球不易滚出，可灌些水帮助通球流出。通球试验必须 100%合格后，排水管才可投入使用。

2. 流程（图 2-4）

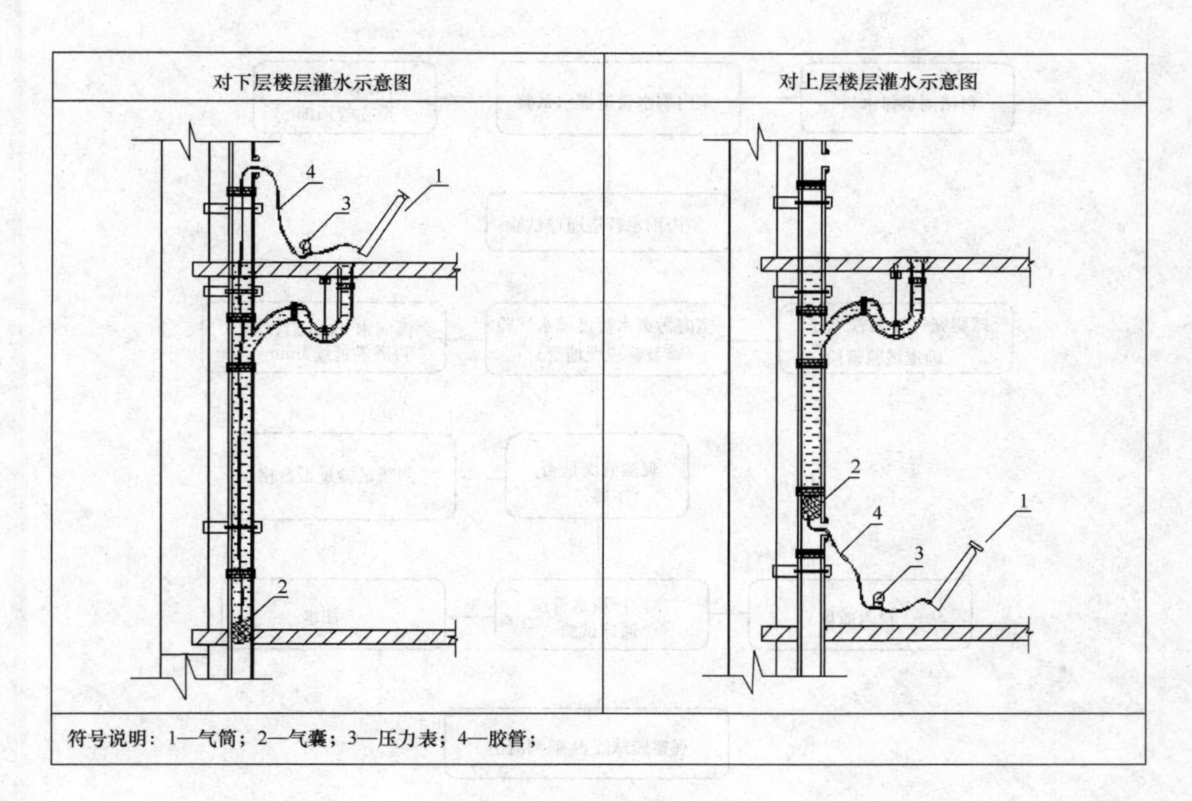

图 2-3　灌水试验示意图

2.3.4　规范与依据

1. 灌水试验应符合以下要求：

隐蔽或埋地的排水管道在隐蔽前以及室内雨水管在交工前必须做灌水试验，试验要严格按如下要求进行：

（1）埋地排水管道灌水试验时，灌水高度应不低于底层卫生器具的上边缘或底层地面高度，满水 15min 水面下降后，再灌满观察 5min，液面不下降，管道及接口无渗漏为合格。

（2）吊顶内以及暗设的排水管道，应分楼层做灌水试验，满水 15min 水面下降后，再灌满观察 5min，液面不下降，管道及接口无渗漏为合格。

（3）室内雨水管道灌水高度必须到每根立管上部雨水斗，灌水试验持续的时间为 1h，液面不下降，管道不渗不漏为合格。

（4）有保温的排水管道，灌水试验要在保温前进行，未经灌水试验检查合格，管道不得进行保温工作。

2. 质量通病防治

（1）现象

1）暗装或地下埋设的排水管道，排水不畅。

2）部分排水系统的支管不通。

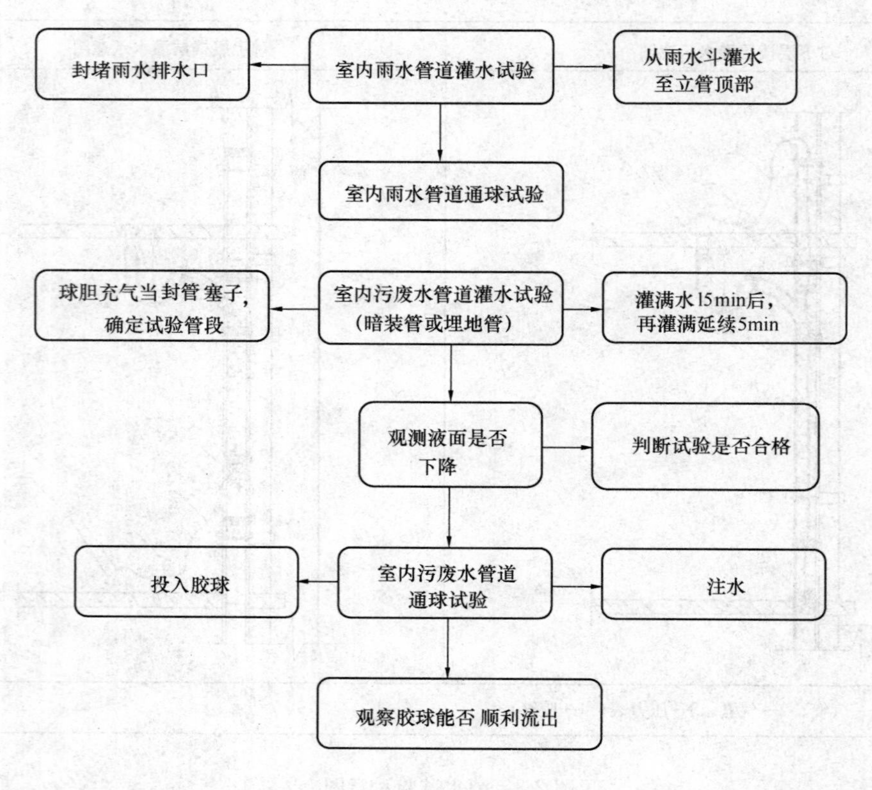

图 2-4　流程

3）卫生器具使用时，排水不畅。

4）排水系统投入使用过程中，排水支管渗漏。

（2）原因分析

1）暗装或地下埋设的排水管道，在隐蔽之前，未进行通水（球）试验；或试验未合格就隐蔽、交付使用。

2）未按各排水系统分别进行通球试验。

3）卫生器具在交付使用之前，有脏物、废纸、施工垃圾等堵塞，交工前未做满水、通水试验。

4）排水系统在做通水试验时，开启的供水点达不到要求。

（3）防治措施

1）暗装或地下埋设的排水管道，在隐蔽之前，必须进行通水（球）试验，合格后，方可隐蔽；排水系统安装完毕后，必须对整个系统再进行通水（球）试验，合格后，方可交付使用。

2）为确保排水管道畅通无堵，在通水试验的同时，应进行通球试验。胶球的直径为主立管管径的 3/4，从透气管投球并放水，球从排水管出口处排出，即为合格。

3）通球试验时，必须按排水系统，分别进行，不得遗漏。试验完成后，及时填写记录。

4）卫生器具在交工前，应做通水试验。通水试验时，确保其上、下水管道畅通，方可交付使用。

5）排水系统在做通水试验时应严格按照试验方法进行，开启的供水点应符合要求。

2.3.5 项目工作页（表 2-4）

表 2-4

工作项目	建筑排水	工作任务	排水管道通球、灌水试验
知识准备			
1. 为什么要进行排水管道的灌水、通球试验？			
2.《建筑给水排水及采暖工程施工质量验收规范》GB 50242—2002 对灌水、通球试验有怎样的要求？			
3. 分析出现下列现象的产生原因及防治措施？（a. 暗装或地下埋设的排水管道，排水不畅；b. 部分排水系统的支管不通；c. 卫生器具使用时，排水不畅；d. 排水系统投入使用过程中，排水支管渗漏。）			
工作过程（完成下列附表的记录、填写）			
管道灌水试验记录表一 管道灌水试验记录表一 管道灌水试验记录表一 室内排水管道通球试验记录表一 室内排水管道通球试验记录表一			

续表

工作评价

你主要承担的工作内容：

序号	评价项目及权重	学生自评	小组评价
1	工作纪律和态度（20分）		
2	工作量（30分）		
3	实践操作能力（30分）		
4	团队协作能力（20分）		
	小计		
1	自评互评（40分）		
2	小组成绩（20分）		
3	工作情况（40分）		
	总　分		

工作评价

你主要承担的工作内容：

序号	评价项目及权重	学生自评	小组评价
1	工作纪律和态度（20分）		
2	工作量（30分）		
3	实践操作能力（30分）		
4	团队协作能力（20分）		
	小计		
1	自评互评（40分）		
2	小组成绩（20分）		
3	工作情况（40分）		
	总　分		

附表（表 2-5～表 2-9）。

管道灌水试验记录表一 表 2-5

<table>
<tr><td>工程名称</td><td colspan="3"></td><td>试验日期</td><td>年　月　日</td></tr>
<tr><td>试验部位</td><td></td><td>材 质</td><td></td><td>规格</td><td></td></tr>
<tr><td>依据标准要求</td><td colspan="5">《建筑给水排水及采暖工程施工质量验收规范》GB 50242—2002</td></tr>
<tr><td>过程情况简述</td><td colspan="5"></td></tr>
<tr><td rowspan="3">试验记录</td><td rowspan="2">灌水高度或标高（m）</td><td rowspan="2">第一次灌满水持续时间（min）</td><td colspan="3">第二次灌水</td></tr>
<tr><td>观察时间</td><td>液面情况</td><td>管道及接口检查</td></tr>
<tr><td></td><td></td><td></td><td></td><td></td></tr>
<tr><td>试验结论</td><td colspan="5"></td></tr>
<tr><td rowspan="3">参加人员签字</td><td colspan="2" rowspan="2">监理（建设单位）</td><td colspan="3">施工单位</td></tr>
<tr><td>技术负责人</td><td>质检员</td><td>施工员</td></tr>
<tr><td colspan="2">（可不填写）</td><td>（可不填写）</td><td>（可不填写）</td><td>（可不填写）</td></tr>
</table>

管道灌水试验记录表二

表 2-6

<table>
<tr><td>工程名称</td><td colspan="3"></td><td>试验日期</td><td colspan="2">年 月 日</td></tr>
<tr><td>试验部位</td><td></td><td>材 质</td><td></td><td>规格</td><td colspan="2"></td></tr>
<tr><td>依据标准要求</td><td colspan="6">《建筑给水排水及采暖工程施工质量验收规范》GB 50242—2002</td></tr>
<tr><td>过程情况简述</td><td colspan="6"></td></tr>
<tr><td rowspan="3">试验记录</td><td rowspan="2">灌水高度或标高（m）</td><td rowspan="2" colspan="2">第一次灌满水持续时间（min）</td><td colspan="3">第二次灌水</td></tr>
<tr><td>观察时间</td><td>液面情况</td><td>管道及接口检查</td></tr>
<tr><td></td><td colspan="2"></td><td></td><td></td><td></td></tr>
<tr><td>试验结论</td><td colspan="6"></td></tr>
<tr><td rowspan="3">参加人员签字</td><td rowspan="2" colspan="2">监理（建设单位）</td><td colspan="4">施工单位</td></tr>
<tr><td>技术负责人</td><td colspan="2">质检员</td><td>施工员</td></tr>
<tr><td colspan="2">（可不填写）</td><td>（可不填写）</td><td colspan="2">（可不填写）</td><td>（可不填写）</td></tr>
</table>

管道灌水试验记录表三 表 2-7

<table>
<tr><td colspan="2">工程名称</td><td colspan="3"></td><td>试验日期</td><td colspan="2">年　月　日</td></tr>
<tr><td colspan="2">试验部位</td><td colspan="2"></td><td>材质</td><td></td><td>规格</td><td></td></tr>
<tr><td>依据标准要求</td><td colspan="7">《建筑给水排水及采暖工程施工质量验收规范》GB 50242—2002</td></tr>
<tr><td>过程情况简述</td><td colspan="7"></td></tr>
<tr><td rowspan="3">试验记录</td><td rowspan="2">灌水高度或标高（m）</td><td rowspan="2" colspan="2">第一次灌满水持续时间（min）</td><td colspan="4">第二次灌水</td></tr>
<tr><td colspan="2">观察时间</td><td>液面情况</td><td>管道及接口检查</td></tr>
<tr><td></td><td colspan="2"></td><td colspan="2"></td><td></td><td></td></tr>
<tr><td>试验结论</td><td colspan="7"></td></tr>
<tr><td rowspan="3">参加人员签字</td><td rowspan="2" colspan="2">监理（建设单位）</td><td colspan="5">施工单位</td></tr>
<tr><td colspan="2">技术负责人</td><td colspan="2">质检员</td><td>施工员</td></tr>
<tr><td colspan="2">（可不填写）</td><td colspan="2">（可不填写）</td><td colspan="2">（可不填写）</td><td>（可不填写）</td></tr>
</table>

室内排水管道通球试验记录表一 表 2-8

<table>
<tr><td colspan="2">工程名称</td><td colspan="3"></td><td>试验日期</td><td colspan="2">年　月　日</td></tr>
<tr><td colspan="2">试验部位</td><td></td><td>材 质</td><td></td><td>规格</td><td colspan="2"></td></tr>
<tr><td>依据标准要求</td><td colspan="7">《建筑给水排水及采暖工程施工质量验收规范》GB 50242—2002</td></tr>
<tr><td>过程情况简述</td><td colspan="7"></td></tr>
<tr><td rowspan="2">试验记录</td><td>管径（mm）</td><td>球径（mm）</td><td>球材质</td><td>投球部位</td><td>排出部位</td><td colspan="2">通球试验记录</td></tr>
<tr><td></td><td></td><td></td><td></td><td></td><td colspan="2">通球率为　%</td></tr>
<tr><td>试验结论</td><td colspan="7"></td></tr>
<tr><td rowspan="3">参加人员签字</td><td rowspan="2">监理（建设单位）</td><td colspan="6">施工单位</td></tr>
<tr><td colspan="2">技术负责人</td><td colspan="2">质检员</td><td colspan="2">施工员</td></tr>
<tr><td>（可不填写）</td><td colspan="2">（可不填写）</td><td colspan="2">（可不填写）</td><td colspan="2">（可不填写）</td></tr>
</table>

室内排水管道通球试验记录表二 **表 2-9**

<table>
<tr><td>工程名称</td><td colspan="3"></td><td>试验日期</td><td colspan="2">年 月 日</td></tr>
<tr><td>试验部位</td><td colspan="2"></td><td>材 质</td><td></td><td>规格</td><td></td></tr>
<tr><td>依据标准要求</td><td colspan="6">《建筑给水排水及采暖工程施工质量验收规范》GB 50242—2002</td></tr>
<tr><td>过程情况简述</td><td colspan="6"></td></tr>
<tr><td rowspan="2">试验记录</td><td>管径（mm）</td><td>球径（mm）</td><td>球材质</td><td>投球部位</td><td>排出部位</td><td>通球试验记录</td></tr>
<tr><td></td><td></td><td></td><td></td><td></td><td>通球率为 %</td></tr>
<tr><td>试验结论</td><td colspan="6"></td></tr>
<tr><td rowspan="3">参加人员签字</td><td colspan="2" rowspan="2">监理（建设单位）</td><td colspan="4">施工单位</td></tr>
<tr><td colspan="2">技术负责人</td><td>质检员</td><td>施工员</td></tr>
<tr><td colspan="2">（可不填写）</td><td colspan="2">（可不填写）</td><td>（可不填写）</td><td>（可不填写）</td></tr>
</table>

2.4 常用卫生器具的安装

2.4.1 目的与要求

1. 任务目的

(1) 认识常见卫生器具的种类。

(2) 能读懂卫生器具安装图。

(3) 能掌握常用卫生器具安装的施工工艺。

2. 任务要求

以小组为单位，完成实训中心洗脸盆、坐式大便器、浴盆的安装。

2.4.2 工具与计划

1. 场地

学校给排水系统实训室。

2. 分组

一个小组 4～8 人。

3. 时间

1 学时。

4. 仪器工具

(1) 材料：卫生器具、器具配件、支托架、油腻、白粉灰、螺栓、水泥、水、线坠等。

(2) 工具：钢卷尺、水平尺、活扳手、电锤、手锯、手锤、打气筒、橡皮胶囊、水桶、螺丝刀、管钳等。

2.4.3 要点与流程

1. 要点

(1) 作业条件

1) 与卫生洁具连接的给水管道单项试压已完成，与卫生洁具连接的排水管道灌水试验已完成并已办理预检、试验、隐检等手续。

2) 需要安装卫生洁具的房间，室内装修已基本完成。

(2) 材料要求

1) 卫生洁具在进入施工现场和安装前按设计及现行标准要求，核验规格、型号和质量符合要求方可使用。

2) 卫生洁具应具有产品质量合格证和环保检测报告，要求合格证应具备产品名称、型号、规格、采用国家质量标准、标准代号、出厂日期、生产厂家、名称及地点、出厂产品检验证明或代号，高级卫生洁具应有安装使用说明书，水箱必须使用节水型产品。

3）卫生洁具的配件：应能与所使用的卫生洁具配套使用，并有产品合格证。

4）卫生洁具及配件的进场验收：卫生洁具的进货一般以一次性成批进齐最好，能保证卫生洁具的质量、外观颜色的一致。一次性进货造成检验工作量增大，抽检10%如发现有不合格产品，则逐个检验，按层或按段的批量进货应防止质量与外观颜色的不一致。一般出现质量等级不一致的问题比较突出。

卫生洁具的检验应做到以下几点：

外观检查：外观应周正，瓷质细腻程度和色泽一致，表面光滑，边色边缘平滑，无裂纹、斑点，无损伤。

尺量检查：用3～5m钢卷尺实测主要尺寸，长、宽、高、下水口直径应在卫生洁具设备的允许公差值内。

敲击检查：用木棍轻轻敲击，声音实而清脆未受损伤，重点轻敲击盆边排水口处。

通球检查：对圆形孔洞可做通球试验，检验用球直径应为孔洞直径的0.8倍。

卫生洁具配件分为铸铁、铜镀铬、塑料制品等，检验做到以下几点：

检查方法为对配件进行试装连接，检查下水口返水弯等丝扣连接是否能保证圆度和丝扣处的硬度。

外观检查：配件应完整，内外表面光滑，浇口及溢边应平整，丝扣无断丝、乱丝，无溢边。

塑料下水口及返水弯等不得使用再生塑料制品，应保证其圆度、硬度，不得造成渗漏、脱落等质量问题，必要时应检查，并有法定单位的产品监督检验证明。

其他材料。所有与卫生洁具配套使用的螺栓、螺母、垫片一律采用镀锌件。镀锌钢管、扁钢、角铁、圆钢、八字阀门、陶瓷阀芯水嘴、镀锌管件、橡胶板、铅皮、铜丝、油灰、石棉绳、铅油、麻、生料带、白水泥、白灰膏、白塑料护套等。

卫生洁具在检验和搬运过程中，要小心轻放防止磕碰，检验完的产品应重新进行包装，分类、分型号规格，单独码放，不合格产品应及时退货，经检验的新产品，应有相应的新产品标识，如露天码放应选好地点，应防止上部有重物砸下，周围应有围护。

（3）操作工艺

1）安装准备

①根据施工图纸统计出各种卫生洁具所需要加工的支托架数量，根据卫生洁具实样和标准图集画出各种支架的详细草图，然后根据草图放样制作支架，加工好的支架样品应进行卫生洁具的试装，没问题后在钢板上用样品支架制作模具成批进行加工。

②根据卫生洁具配件的实际尺寸加工制作，死扳手、叉扳手这些专用工具的制作使用是为了保证铜质件、镀铬件、塑料件表面不会因安装过程中出现咬伤、划痕影响美观，另外专用工具使用操作方便。安装卫生洁具过程中需要使用死扳手的部位：脸盆等处的下水口锁母紧固，柱盆、脸盆水嘴安装时锁母的紧固和下水口、十字交叉筋处的固定使用叉扳手。

③卫生洁具安装前的搬运应按层或按系统专人负责集中搬运，搬运至该层某个集中点，搬运的数量能满足一天的工作量，外包装集中处理，零散的安装搬运容易造成卫生洁具的损坏后找不到责任人。

2）卫生洁具及配件检验

卫生洁具及配件在进入施工现场虽然已经过进厂检验，但是在保管和搬运过程中，也会造成意外的损伤，所以卫生洁具安装前应100%进行检验，应按设计要求核验规格、型号和质量符合要求方可使用。

3）卫生洁具配件预装

将卫生洁具清理干净井对卫生洁具部分配件进行集中预装。脸盆下水口预装；坐便器排出口预装等。

4）卫生器具安装（包括洗脸盆、坐式大便器、浴盆的安装）

洗脸盆的安装（安装示意图如图2-5）：

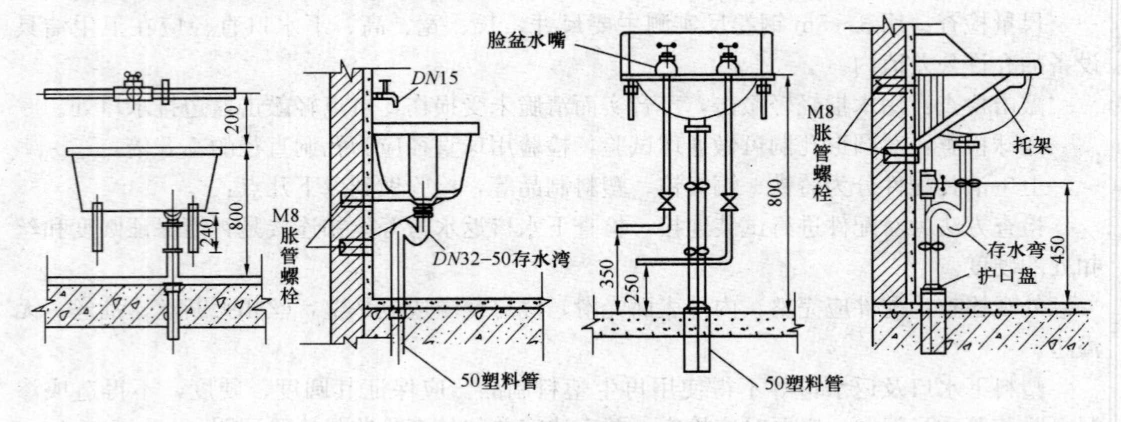

图2-5　洗脸盆安装示意图

①洗脸盆零件安装

a. 安装脸盆下水口：先将下水口根母、眼圈、胶垫卸下，将上垫垫好油灰后插入脸盆排水口孔内，下水口中的溢水口要对准脸盆排水口中的溢水口眼。外面加上垫好油灰的胶垫，套上眼圈，带上根母，再用自制扳手卡住排水口十字筋，用平口扳手上根母至松紧适度。

b. 安装脸盆水嘴：先将水嘴根母、锁母卸下，在水嘴根部垫好油灰，插入脸盆给水孔眼，下面再套上胶垫眼圈，带上根母后左手按住水嘴，右手用自制八字死扳手将锁母紧至松紧适度。

②洗脸盆稳装

洗脸盆支架安装：应按照排水管口中心在墙上画出竖线，由地面向上量出规定的高度，

画出水平线，根据盆宽在水平线上画出支架位置的十字线。按印记剔成30～120mm孔洞。将脸盆支架找平栽牢。再将脸盆置于支架上找平、找正。将架钩钩在盆下固定孔内，拧紧盆架的固定螺栓，找平正。

③洗脸盆排水管连接

S型存水弯的连接：应在脸盆排水口丝扣下端涂铅油，缠少许麻丝。将存水弯上节拧在排水口上，松紧适度。再将存水弯下节的下端缠油盘根绳插在排水管口内，将胶垫放在存水弯的连接处，把锁母用手拧紧后调直找正。再用扳手拧至松紧适度。用油灰将下水管

目塞严、抹平。

④洗脸盆给水管连接：

首先量好尺寸，配好短管，装上八字水门。再将短管另一端丝扣处涂油、缠麻，拧在预留给水管口至松紧适度。将软管接尺寸断好。上端插入水嘴根部，下端插入八字水门中口，分别打好上、下锁母至松紧适度，找直、找正。

坐便器安装（安装示意图如图 2-6）：

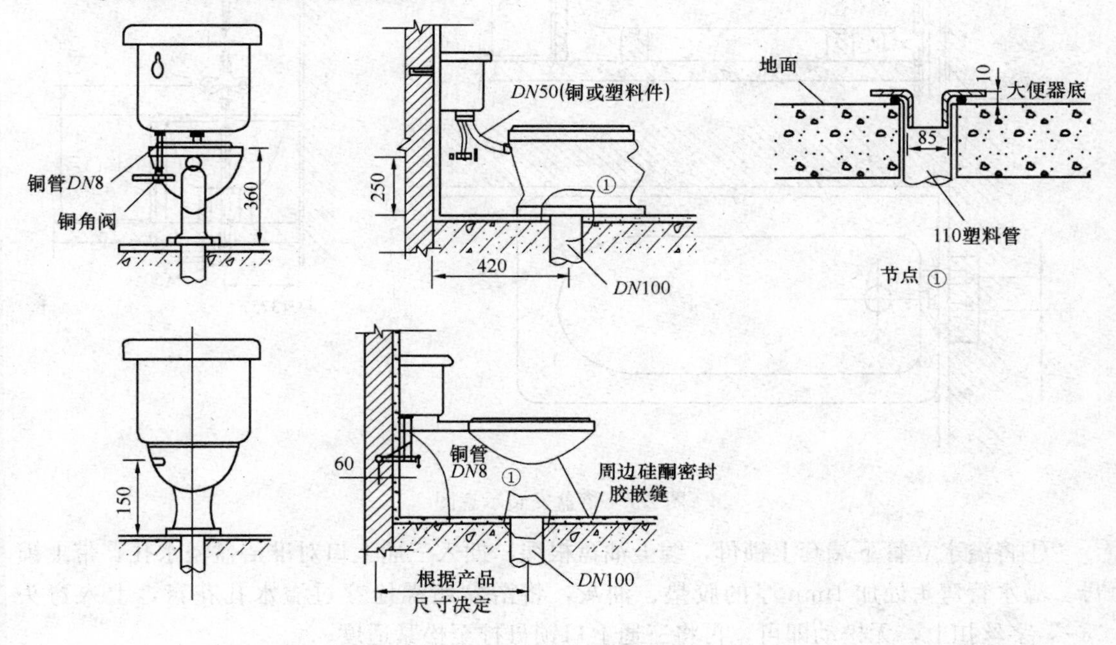

图 2-6　坐便器安装示意图

①将坐便器预留排水管口周围清理干净，取下临时管堵，检查管内有无杂物。

②将坐便器出水口对准预留排水口放平找正，在坐便器两侧固定螺栓眼处画好印记后，移开坐便器，将印记做好十字线。

③在十字线中心处剔 20～20mm 的孔洞，把 10mm 螺栓插入孔洞内用水泥栽牢，将坐便器试稳，使固定螺栓与坐便器吻合，移开坐便器。将坐便器排水口及排水管口周围抹上油灰后将便器对准螺栓放平，找正，螺栓上套好胶皮垫、眼圈上螺母拧至松紧适度。

浴盆安装（安装示意图如图 2-7）：

①浴盆稳装前应将浴盆内表面擦拭干净，同时检查瓷面是否完好。带腿的浴盆先将腿部的螺母卸下，将拔销母插入浴盆底卧槽内，把腿扣在浴盆上带好螺母拧紧找平。浴盆如砌砖腿时，应配合土建施工把砖腿按标高砌好。将浴盆稳于砖台上，找平、找正。浴盆与砖腿缝隙处用 1∶3 水泥砂浆填充抹平。

②有饰面的浴盆，应留有通向浴盆排水口的检修门。

③浴盆排水安装：将浴盆排水三通套在排水横管上，缠好油盘根绳，插入三通中口，拧紧锁母。三通下口装好铜管，插入排水预留管口内（铜管下端扳边）。将排水口圆盘下加胶垫、油灰，插入浴盆排水孔眼，外面再套胶垫、眼圈，丝扣处涂铅油、缠麻。用自制叉扳手卡住排水口十字筋，上入弯头内。

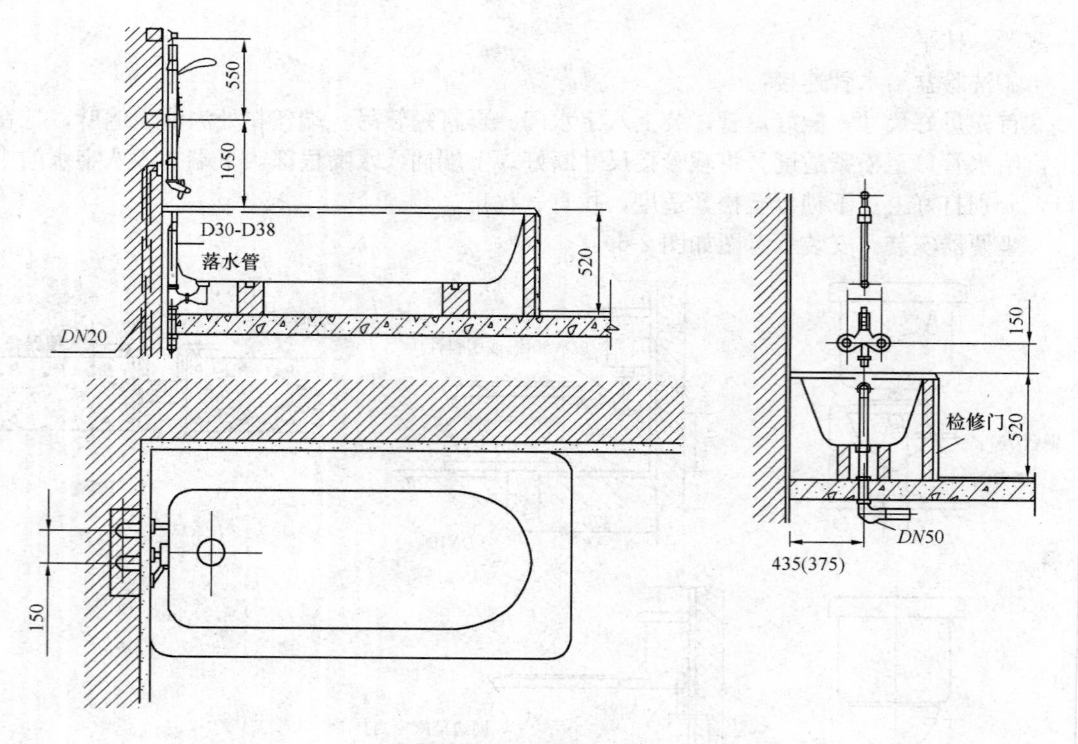

图 2-7　浴盆安装示意图

④将溢水立管下端套上锁母，缠上油盘根绳，插入三通上口对准浴盆溢水孔，带上锁母。溢水管弯头处加 1mm 厚的胶垫、油灰，将浴盆堵螺栓穿过溢水孔花盘，上入弯头“一”字丝扣上，无松动即可，再将三通上口锁母拧至松紧适度。

浴盆排水三通出口和排水管接口处缠绕油盘根绳捻实，再用油灰封闭。

⑤混合水嘴安装：将冷、热水管口找平、找正。把混合水嘴转向对丝抹铅油、缠麻丝，带好护口盘，用自制扳手插入转向对丝内，分别拧人冷、热水预留管口，校好尺寸，找平、找正。使护口盘紧贴墙面。然后将混合水嘴对正转向对丝，加垫后拧紧锁母找平、找正。用扳手拧至松紧适度。

水嘴安装：先将冷、热水预留管口用短管找平、找正。如暗装管道进墙较深者，应先量出短管尺寸，套好短管，使冷、热水嘴安完后距墙一致。将水嘴拧紧找正，除净外露麻丝。

2. 流程

安装准备→卫生洁具及配件检验→卫生洁具配件预装→定位画线及甩口处理→卫生洁具稳装→卫生洁具外观检查→通水维修→卫生洁具与支架、墙、地缝隙处理→通水试验。

针对不同的卫生器具按如下流程：

(1) 洗脸盆安装（图 2-8）

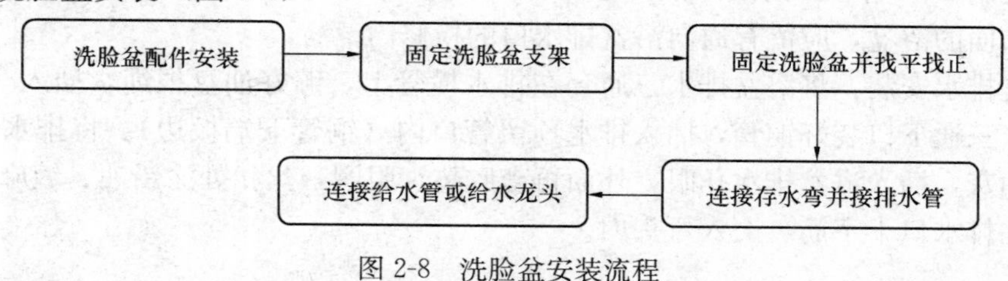

图 2-8　洗脸盆安装流程

（2）浴盆安装（图 2-9）

图 2-9　浴盆安装流程

（3）坐便器安装（图 2-10）

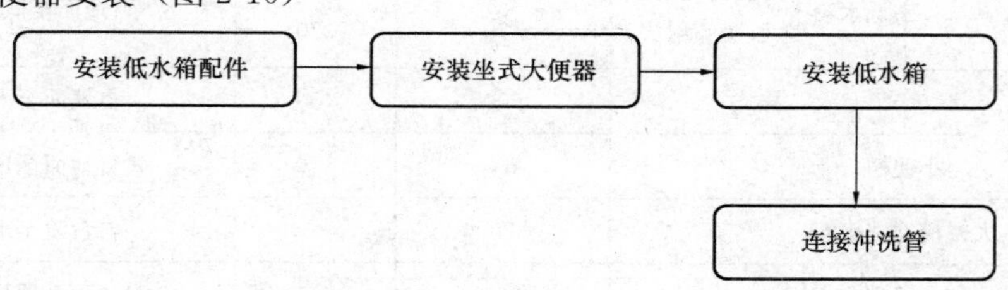

图 2-10　坐便器安装流程

2.4.4　规范与依据

1. 主控项目

排水栓和地漏的安装应平正、牢固，低于排水表面，周边无渗漏。地漏水封高度不得小于 50mm。

检验方法：试水观察检查。

920 卫生器具交工前应做满水和通水试验。

检验方法：满水后各连接件不渗不漏；通水试验给、排水畅通。

2. 一般项目

（1）依据表 2-10 确定卫生器具安装高度。

（2）卫生器具安装的允许偏差应符合表 2-11 的规定。

卫生器具安装高度表　　**表 2-10**

<table>
<tr><th colspan="2" rowspan="2">卫生器具名称</th><th colspan="2">安装高度（mm）</th><th rowspan="2">备　注</th></tr>
<tr><th>居住和公共建筑</th><th>幼儿园</th></tr>
<tr><td rowspan="2">污水盆（池）</td><td>架空式</td><td>800</td><td>800</td><td rowspan="6">自地面至器具上边缘</td></tr>
<tr><td>落地式</td><td>500</td><td>500</td></tr>
<tr><td colspan="2">洗涤盆（池）</td><td>800</td><td>800</td></tr>
<tr><td colspan="2">洗脸盆、洗手盆（有塞，无塞）</td><td>800</td><td>500</td></tr>
<tr><td colspan="2">盥洗槽</td><td>800</td><td>500</td></tr>
<tr><td colspan="2">浴盆</td><td>≯520</td><td>—</td></tr>
<tr><td rowspan="2">蹲式大便器</td><td>高水箱</td><td>1800</td><td>1800</td><td>自台阶面至高水箱底</td></tr>
<tr><td>低水箱</td><td>900</td><td>900</td><td>自台阶面至低水箱底</td></tr>
</table>

续表

卫生器具名称			安装高度（mm）		备　注
			居住和公共建筑	幼儿园	
坐式大便器	高水箱		1800	1800	自台阶面至高水箱底
	低水箱	外露排出管式	510	—	自地面至低水箱底
		虹吸喷射式	470	370	
小便器	挂式		600	450	自地面至下边缘
小便槽			200	150	自地面至台阶面
大便槽冲洗水箱			≮2000	—	自台阶至水箱底
妇女卫生盆			360	—	自地面至器具上边缘
化验盆			800	—	自地面至器具上边缘

卫生器具安装的允许偏差和检验方法　　表 2-11

项　　目		允许偏差（mm）	检验方法
坐标	单独器具	10	拉线、吊线和尺量检查
	成排器具	5	
标高	单独器具	±15	
	成排器具	±10	
器具水平度		2	用水平尺和尺量检查
器具垂直度		3	用吊线和尺量检查

（3）安装完的洁具应加以保护，防止洁具瓷面受损和整个洁具损坏。

（4）通水试验前应检查地漏是否畅通，分户阀门是否关好，然后按层段分房间逐一进行通水试验，以免漏水使装修工程受损。

（5）在冬季室内不通暖时，各种洁具必须将水放净。存水弯应无积水，以免将洁具和存水弯冻裂。

（6）蹲便器不平，左右倾斜。原因：稳装时，正面和两侧垫砖不牢，焦渣填充后，没有检查，抹灰后不好修理，造成高水箱与便器不对中。

零件镀铬表层被破坏。原因：安装时使用管钳。应采用平面扳手或自制扳手。

坐便器没对正，弯管歪扭。原因：划线不对中，便器稳装不正。

坐便器周围离开地面。原因：下水管口预留过高，稳装前没修理。

立式小便器距墙缝隙太大。原因：甩口尺寸不准确。

洁具溢水失灵。原因：下水口无溢水眼。

（7）通水之前，将器具内污物清理干净，不得借通水之便将污物冲入下水管内，以免管道堵塞。

（8）严禁使用未经过滤的白灰粉代替白灰膏稳装卫生设备，避免造成卫生设备胀裂。

2.4.5 项目工作页（表 2-12）

表 2-12

工作项目	建筑排水	工作任务	常用卫生器具及安装
知识准备			
1. 常见的卫生器具是如何分类的？（每种分类列举 1～2 种器具）			
2. 教学楼卫生间的洗脸盆从地面至上边缘的安装高度是多少？			
3. 卫生器具交工前满水试验和通水试验如何进行？			

续表

工作过程

工作评价

你主要承担的工作内容：

序号	评价项目及权重	学生自评	小组长价
1	工作纪律和态度（20 分）		
2	工作量（30 分）		
3	实践操作能力（30 分）		
4	团队协作能力（20 分）		
	小计		
1	自评互评（40 分）		
2	小组成绩（20 分）		
3	工作情况（40 分）		
	总　分		

项目3　建筑给水排水施工图

3.1　系统图-平面图转化练习

3.1.1　目的与要求的

1. 任务目的

（1）掌握给排水施工图中各种线形、图例含义。

（2）熟练识读给排水系统图中所反应的各种信息。

（3）熟练掌握给、排水施工图的识读步骤、识读要点。

2. 任务要求

要求每位同学认真识读所给出的给、排水系统图，详图，并依照所给出的给、排水系统图完成给、排水平面图的绘制。

3.1.2　工具与计划

1. 时间

4学时。

2. 工具

绘图板，绘图工具一套。

3.1.3　要点与流程

1. 要点

（1）给水、排水系统图，也称给水、排水轴测图，应表达出给排水管道和设备在建筑中的空间布置关系。系统图一般应按给水、排水、热水供应、消防等各系统单独绘制，以便于安装施工和造价计算使用。其绘制比例应与平面图一致。

给排水系统图应表达如下内容：各种管道的管径、坡度；支管与立管的连接处、管道各种附件的安装标高；各立管的编号应与平面图一致。系统图中对用水设备及卫生器具的种类、数量和位置完全相同的支管、立管可不重复完全绘，但应用文字标明。当系统图立管、支管在轴测方向重复交叉影响视图时，可标号断开移至空白处绘制。

（2）详图：凡平面图、系统图中局构造因受图面比例影响而表达不完善或无法表达时，必须八进制施工详图。详图中应尽量详细注明尺寸，不应以比例代尺寸。

施工详图首先应采用标准图、通用施工详图，如卫生器具安装、排水检查井、阀门井、水表井、雨水检查井、局部污水处理构筑物等，均有各种施工标准图。

2. 流程

(1) 系统图的识读

建筑给水系统图的识读顺序：引入管→干管→立管→横管→支管→配水龙头。

建筑排水系统图的识读顺序：卫生器具→排水支管→排水横管→排水立管→排水干管→排出管。

(2) 根据所给出的给、排水系统图，将相应的给、排水平面图补充完整。

3.1.4 规范与依据

1.《给水排水制图标准》GB/T 50106—2001。

2.《建筑给水排水设计规范》GB 50015—2003。

3.《建筑给水排水及采暖工程施工质量验收规范》GB 50242—2002。

3.1.5 项目工作（表3-1）

表3-1

工作项目	建筑给排水施工图	工作任务	系统图-平面图转化练习
知识准备			

建筑给排水系统图的识读：

1. 查明给水管道系统的具体走向，干管的布置方式，____________及其变化情况，阀门的设置，_________、干管及各支管的___。

2. 查明排水管道的具体走向，管路分支情况，管径尺寸与横管坡度，管道各部分标高，存水弯的形式，清通设备的设置情况，弯头及三通的选用等。识读排水管道系统图时，一般按卫生器具或排水设备的存水弯、器具排水管、横支管、立管、排出管的顺序进行。

3. 系统图上对各楼层标高都有注明，识读时可据此分清管路是属于哪一层的。

4. 写出下列建筑给排水系统常用图例的名称：

序号	名称	图例	序号	名称	图例
1		—— J ——	7		
2		—— W ——	8		
3		—— F —— —— XH ——	9		
4			10		
5			11		
6			12		

续表

序号	名称	图例	序号	名称	图例
13			15		
14			16		

工作过程

1. 认真识读给出的某别墅卫生间给、排水系统大样图，弄清该建筑卫生间给、排水系统的设置情况。

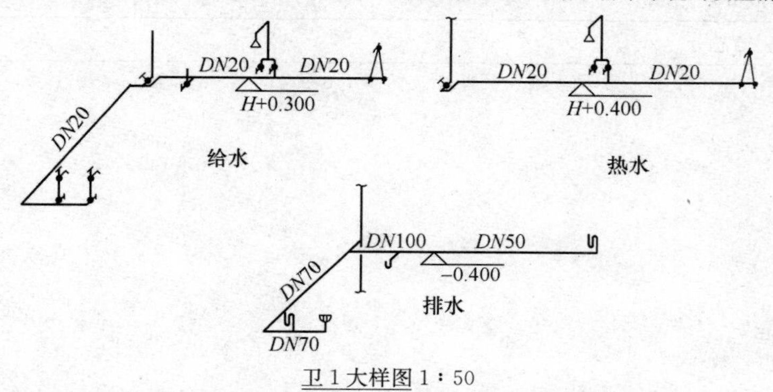

卫1大样图 1：50

2. 根据给出的该卫生间的建筑平面图，在A4纸上绘制该卫生间的给、排水平面图。

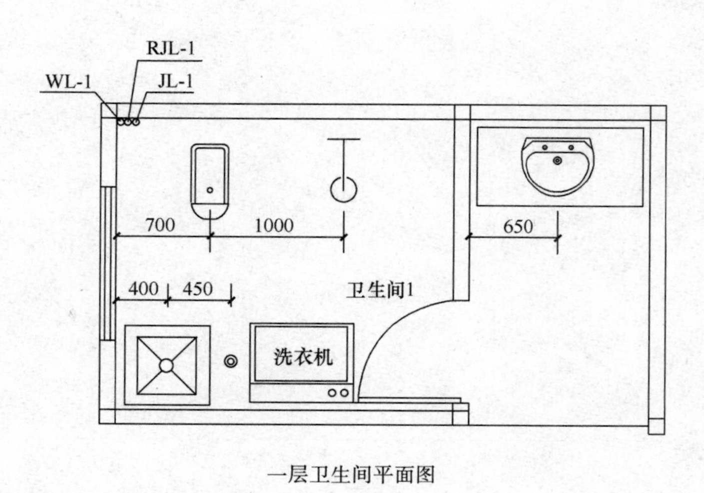

一层卫生间平面图

续表

工作评价			
你主要承担的工作内容：			
序号	评价项目及权重	学生自评	教师评价
1	工作纪律和态度（20 分）		
2	工作量（20 分）		
3	读图能力（30 分）		
4	绘图能力（30 分）		
总分			

3.2 平面图-系统图转化练习

3.2.1 目的与要求

1. 任务目的

(1) 掌握给排水施工图中各种线形、图例含义。

(2) 熟练识读给排水系统图中所反应的各种信息。

(3) 熟练掌握给、排水施工图的识读步骤、识读要点。

2. 任务要求

要求每位同学认真识读所给出的给、排水系统图，详图，并依照所给出的给、排水系统图完成给、排水平面图的绘制。

3.2.2 工具与计划

1. 时间

4 学时。

2. 工具

绘图板，绘图工具一套。

3.2.3 要点与流程

1. 要点

(1) 给水、排水系统图，给水、排水平面图应表达给水、排水管线和设备的平面布置情况。

根据建筑规划，在设计图纸中，用水设备的种类、数量、位置，均要做出给水和排水平面布置；各种功能管道、管道附件、卫生器具、用水设备，如消火栓箱、喷头等，均应用各种图例表示；各种横干管、立管、支管的管径、坡度等，均应标出。平面图上管道都用单线绘出，沿墙敷设时不注管道距墙面的距离。在各层平面布置图上，各种管道、立管应编号标明。

(2) 详图，凡平面图、系统图中局构造因受图面比例影响而表达不完善或无法表达时，必须八进制施工详图。详图中应尽量详细注明尺寸，不应以比例代尺寸。

2. 流程

系统图的识读：室内给排水管道平面图是施工图纸中最基本和最重要的图纸，常用的比例是 1∶100 和 1∶50 两种。它主要表明建筑物内给排水管道及卫生器具和用水设备的平面布置。图上的线条都是示意性的，同时管材配件如活接头、补心、管箍等也不画出来，因此在识读图纸时还必须熟悉给排水管道的施工工艺。

根据所给出的给、排水平面图，画出对应的给排水系统图。

3.2.4 规范与依据

1.《给水排水制图标准》GB/T 50106—2001。
2.《建筑给水排水设计规范》GB 50015—2003。
3.《建筑给水排水及采暖工程施工质量验收规范》GB 50242—2002。

3.2.5 项目工作（表 3-2）

表 3-2

工作项目	建筑给排水施工图	工作任务	平面图-系统图转化练习
知识准备			
给排水平面图识读步骤： 1. 查明卫生器具、________和________的类型、数量、__________、__________。 2. 弄清给水引入管和污水排出管的________、走向、定位尺寸、与室外给排水管网的连接形式、____及____等。 3. 查明给排水____、立管、____的平面位置与走向、________及________。从平面图上可清楚地查明是明装还是暗装，以确定施工方法。 4. 消防给水管道要查明消火栓的布置、口径大小及消防箱的形式与位置。 5. 在给水管道上设置水表时，必须查明水表的型号、安装位置以及水表前后___的____设置情况。 6. 对于室内排水管道，还要查明清通设备的布置情况，______和____的型号和位置。			
工作过程			
1. 认真阅读下面的厨房和卫生间给、排水平面图。弄清整个给排水系统的工作方式。			

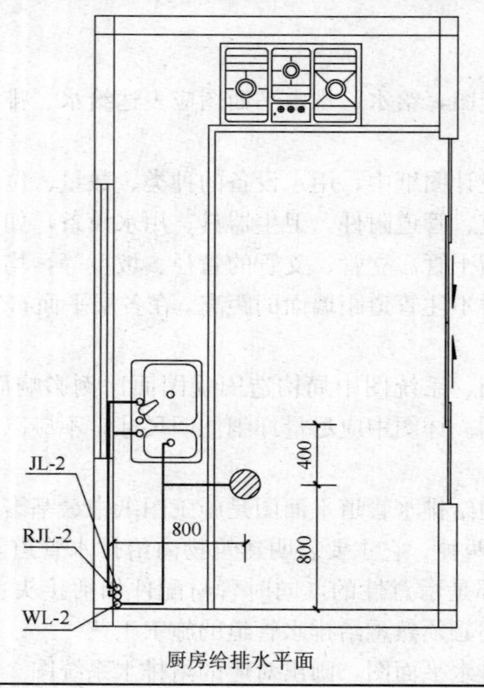

厨房给排水平面

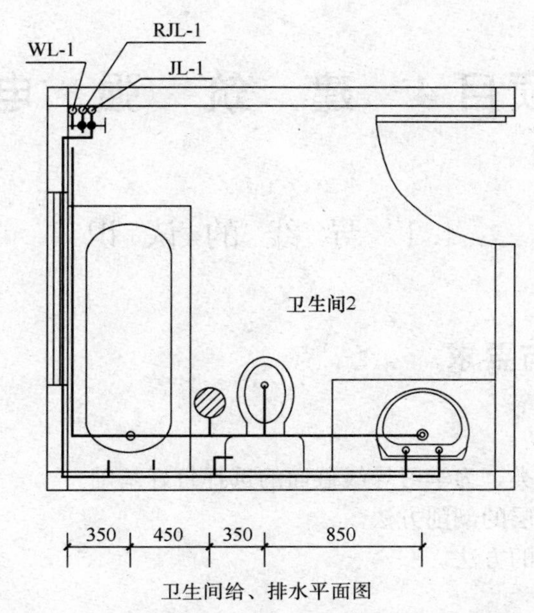

卫生间给、排水平面图

2. 在A4纸绘制厨房和卫生间的给、排水平面，并画出与之相对应的给、排水系统图。

工作评价

你主要承担的工作内容：

序号	评价项目及权重	学生自评	教师评价
1	工作纪律和态度（20分）		
2	工作量（20分）		
3	读图能力（30分）		
4	绘图能力（30分）		
	总分		

项目4　建　筑　强　电

4.1　导 线 的 认 识

4.1.1　目的与要求

1. 任务目的

(1) 认识导线的分类，为学习导线截面的选择打好基础。

(2) 学会线头绝缘层的剖削方法。

(3) 掌握导线穿管的方法。

2. 任务要求

以小组为单位，观察、认识不同的导线金属材质，绝缘材料材质及内部金属芯的根数；每人轮流进行线头绝缘层的剖削、导线穿管操作，并完成学生工作页。

4.1.2　工具与计划

1. 场地

电工实训室。

2. 分组

一个小组4～8人。

3. 时间

1学时。

4. 仪器工具

剥线钳、电工刀、钢丝钳、钢丝、导线管、游标卡尺。

4.1.3　要点与流程

1. 要点

(1) 导线的认识

1) 导线材质的认识

导线的认识实质上就是认识导线的绝缘材料的种类，导线金属材料的种类、芯线的根数以及导线的截面面积。

照明线路导线常用的绝缘材料有橡胶和塑料两种，内部金属导体常用的材料是铜和铝，不同性质的线路选用的绝缘材料和金属导体都不相同。

2）导线截面面积的计算

相同金属导电材料的导线，截面面积不同，导线允许的载流量也不相同，导线的截面面积越大，则载流量也越大，因此不同电压等级和电流等级的线路，所选取的导线截面面积也不相同。

用游标卡尺量取导线直径（R），则导线截面面积（S）的计算公式为：

$$S=\frac{1}{2}\pi R^2$$

（2）线头绝缘层的剖削

在进行线头绝缘层的剖削时，一定要注意剖削长度。在剖削时也要注意，不能损伤到导线的金属导体，避免导线截面面积的减少。

（3）导线穿管

导线穿管敷设，不仅可以避免导线与空气中的腐蚀性气体接触，也可以保护导线绝缘层免受机械损伤，是现代建筑工程中常用的线路敷设方法。

常用的导线穿管方法是钢丝穿线法，穿线前应做好线管内的清扫工作，扫除残留在管内的杂物和水分。先将钢丝穿过导线管，再把导线绑在钢丝的一端，一端慢送导线，另一端慢拉引线，完成导线穿管。最后用白布带或绝缘带包好管口。操作过程如图 4-1 所示。

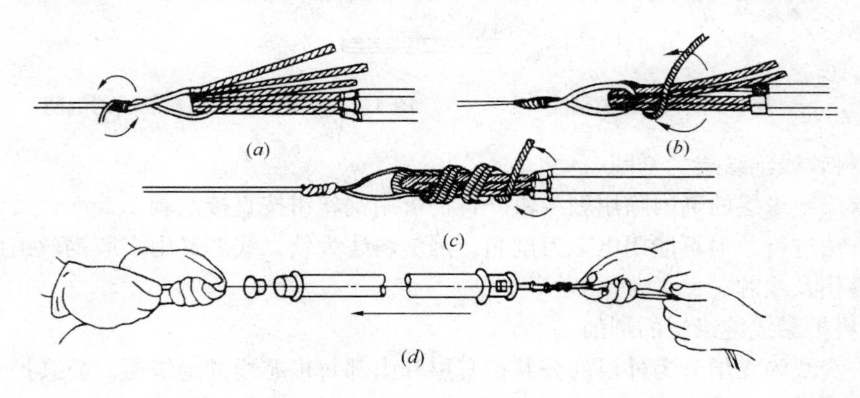

图 4-1　导线穿管

如果将钢丝引线由一端穿入到另一端有困难时，可采用图 4-2 所示方法。可由两端各穿入一根带钩钢丝，当两引线钩在管中相遇时，转动引线使两钩相挂，由一端拉出完成引线入管。

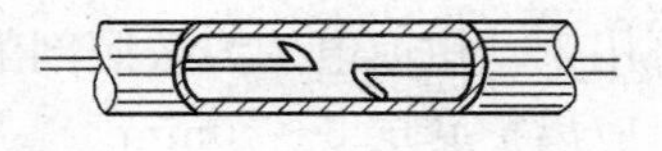

图 4-2　钢丝引线

2. 流程

（1）导线的认识

1）将导线放在工作台上，观察导线的绝缘层，认识导线的绝缘材料；

2）用游标卡尺量取导线的直径，根据公式计算导线的截面面积；

3）使用剥线钳或者电工刀将导线的绝缘层剥开，观察导线内部的金属导体的材质，并数出金属线芯的根数。

（2）线头绝缘层的剖削

1）塑料硬线绝缘层的剖削

有条件时，去除塑料硬线的绝缘层用剥线钳甚为方便，这里要求能用钢丝钳和电工刀剖削。

线芯截面在2.5mm^2及以下的塑料硬线，可用钢丝钳剖削：先在线头所需长度交界处，用钢丝钳口轻轻切破绝缘层表皮，然后左手拉紧导线，右手适当用力捏住钢丝钳头部，向外用力勒去绝缘层。如图4-3所示。在勒去绝缘层时，不可在钳口处加剪切力，这样会伤及线芯，甚至将导线剪断。

对于规格大于4cm^2的塑料硬线的绝缘层，直接用钢丝钳剖削较为困难，可用电工刀剖削。先根据线头所需长度，用电工刀刀口对导线成45°切入塑料绝缘层，注意掌握刀口刚好削透绝缘层而不伤及线芯，如图4-4（左）所示。然后调整刀口与导线间的角度以15°向前推进，将绝缘层削出一个缺口，如图4-4（右）所示，接着将未削去的绝缘层向后扳翻，再用电工刀切齐。

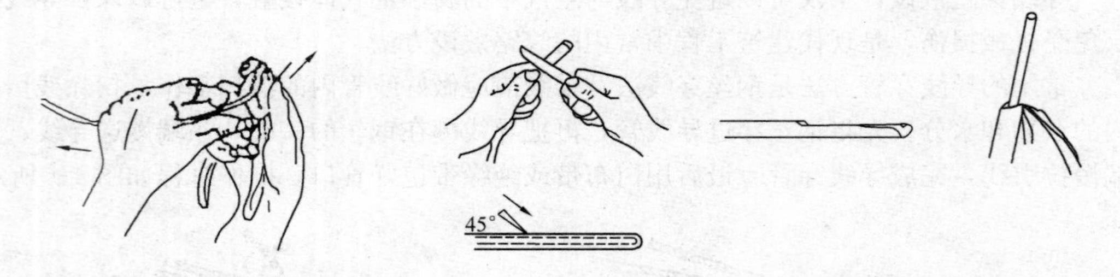

图4-3　小于25mm^2及以下塑料硬线的剖削　　图4-4　大于4mm^2塑料硬线的剖削

2）塑料软线绝缘层的剖削

塑料软线绝缘层的剖削除用剥线钳外，仍可用钢丝钳按直接剖剥2.5mm^2及以下的塑料硬线的方法进行，但不能用电工刀剖剥。因塑料线太软，线芯又由多股钢丝组成，用电工刀很容易伤及线芯。

3）塑料护套线绝缘层的剖削

塑料护套线绝缘层分为外层的公共护套层和内部每根芯线的绝缘层。公共护套层一般用电工刀剖削，先按线头所需长度，将刀尖对准两股芯线的中缝划开护套层，并将护套层向后扳翻，然后用电工刀齐根切去，如图4-5所示。切去护套后，露出的每根芯线绝缘层可用钢丝钳或电工刀按照剖削塑料硬线绝缘层的方法分别除去。钢丝钳或电工刀在切时切口应离护套层5～10mm。

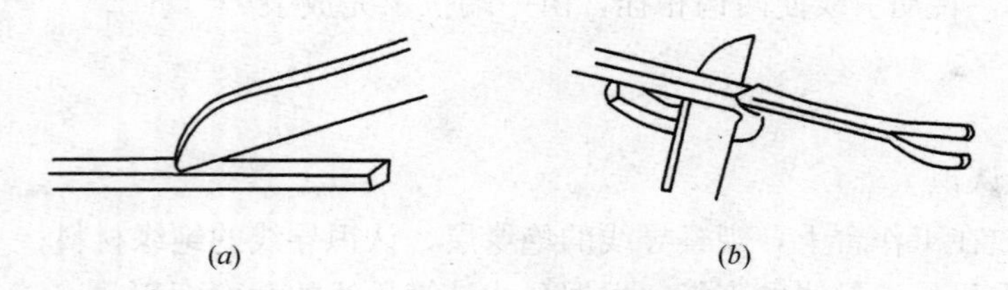

图4-5　塑料护套线的剖削

（*a*）划开护套层；（*b*）切去保护套

4）橡皮线绝缘层的剖削

橡皮线绝缘层外面有一层柔韧的纤维编织保护层，先用剖削护套线护套层的办法，用电工刀尖划开纤维编织层，并将其扳翻后齐根切去，再用剖削塑料硬线绝缘层的方法，除去橡皮绝缘层。如橡皮绝缘层内的芯线上包缠着棉纱，可将该棉纱层松开，齐根切去。

5）花线绝缘层的剖削

花线绝缘层分外层和内层，外层是一层柔韧的棉纱编织层。剖削时选用电工刀在线头所需长度处切割一圈拉去，然后在距离棉纱编织层 10mm 左右处用钢丝钳按照剖削塑料软线的方法将内层的橡皮绝缘层勒去。有的花线在紧贴线芯处还包缠有棉纱层，在勒去橡皮绝缘层后，再将棉纱层松开扳翻，齐根切去，如图 4-6 所示。

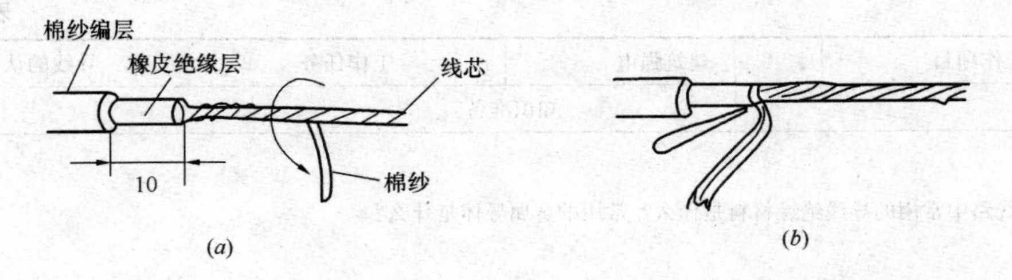

图 4-6　花线绝缘层的剖削

(*a*) 去除编织层和橡皮绝缘层；(*b*) 扳翻棉纱

6）橡套软线（橡套电缆）绝缘层的剖削

橡套软线外包护套层，内部每根线芯上又有各自的橡皮绝缘层。外护套层较厚，按切除塑料护套层的方法切除，露出的多股芯线绝缘层，可用钢丝钳勒去。

7）铅包线护套层和绝缘层的剖削

铅包线绝缘层分为外部铅包层和内部芯线绝缘层，剖削时选用电工刀在铅包层切下一个刀痕，然后上下左右扳动折弯这个刀痕，使铅包层从切口处折断，并将它从线头上拉掉。内部芯线绝缘层的剖除方法与塑料硬线绝缘层的剖削方法相同。剖削铅包层的过程如图 4-7 所示。

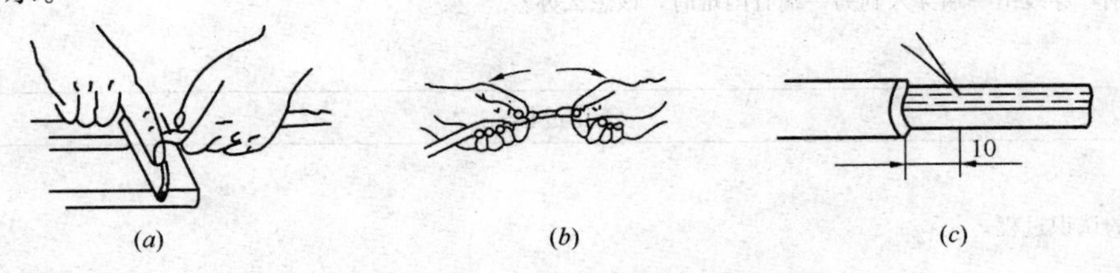

图 4-7　铅包线护套层和绝缘层的剖削

(*a*) 剖切铅包层；(*b*) 折扳和拉出铅包层；(*c*) 剖削芯线绝缘层

8）漆包线绝缘层的去除

漆包线绝缘层是喷涂在芯线上的绝缘漆层。由于线径的不同，去除绝缘层的方法也不一样。直径在 1mm 以上的，可用细砂纸或细纱布擦去；直径在 0.6mm 以上的，可用薄刀片刮去；直径在 0.1mm 及以下的也可用细砂纸或细纱布擦除，但易于折断，需要小心操作。有时为了保留漆包线的芯线直径准确以便于测量，也可用微火烤焦其线头绝缘层，再轻轻刮去。

(3) 导线穿管

1）将经过清洗、干燥的导线管放在工作台上；

2）将钢丝穿过导线管；

3）把导线的一端与钢丝绑紧，然后一端慢送导线，另一端慢拉引线，牵引导线穿过线管，完成导线穿管；

4）用白布带或绝缘带包好管口。

4.1.4 项目工作页

表 4-1

工作项目	建筑强电	工作任务	导线的认识
知识准备			
1. 照明线路中常用的导线绝缘材料是什么？常用的金属导体是什么？ 2. 导线的截面面积越大，允许的载流量________。 3. 试述塑料软线绝缘层的剖削操作过程。 4. 试述导线截面面积的计算公式。 5. 如果钢丝穿线由一端穿入到另一端有困难时，该怎么办？			
工作过程			
1. 导线的认识过程 2. 线头绝缘层的剖削过程 3. 导线穿管的过程			

续表

工作评价

你主要承担的工作内容：

序号	评价项目及权重	学生自评	小组长价
1	工作纪律和态度（20 分）		
2	工作量（30 分）		
3	实践操作能力（30 分）		
4	团队协作能力（20 分）		
小　计			
1	自评互评（40 分）		
2	小组成绩（20 分）		
3	工作情况（40 分）		
总　分			

实训成果

1. 简述你剖削的线头使用的是哪种绝缘层，并叙述剖削的操作过程。

2. 简述自己的导线穿管操作过程，如果钢丝穿线由一端穿入到另一端有困难，说明解决方法。

3. 通过本次实训，你有什么收获？对以后的学习和工作有什么作用？

4.2 导线的连接

4.2.1 目的与要求

1. 任务目的

(1) 掌握单股芯线的直线、T字分支连接的正确连接方法。

(2) 掌握7股芯线的直线、T字分支连接的操作方法。

2. 任务要求

以小组为单位，使用剥线钳、电工刀、老虎钳等工具，每人轮流进行导线的直线连接、T字分支连接操作，并完成学生工作页。

4.2.2 工具与计划

1. 场地

电工实训室。

2. 分组

一个小组4～8人。

3. 时间

1学时。

4. 仪器工具

剥线钳、老虎钳、电工刀。

4.2.3 要点与流程

1. 要点

电气安装工程中，导线的连接是电工基本工艺之一。导线连接的质量关系着线路和设备运行的可靠性和安全程度。对导线连接的基本要求是：电接触良好，机械强度足够，接头美观，且绝缘恢复正常。剖切导线绝缘时，不应损伤线芯。导线中间连接和分支连接应使用熔焊、线夹、瓷接头或压接法连接。分支线的连接处，干线不应受来自支线的横向拉力。接头应用绝缘带包缠均匀、严密，不低于原导线的绝缘强度。

2. 流程

(1) 导线的连接

1) 单股芯线直线连接（操作过程如图4-8所示）

① 先将两导线端去除其绝缘层后作“×”相交；

② 互相绞合2～3匝后扳直；

③ 两线端分别紧密向芯线上并绕5～6圈，多余线端剪去；

④ 用老虎钳钳平切口。

2）单股芯线 T 字分支连接（操作过程如图 4-9 所示）

支线端和干线端去除其绝缘层后十字相交，使支线芯线根部留出约 30mm 后向干线缠绕一圈。再环绕成结状，收紧线端向干线并绕 5～6 圈后，剪平切口；如果连接导线截面较大，两芯线十字相交后，直接在干线上紧密绕 6～8 圈即可。

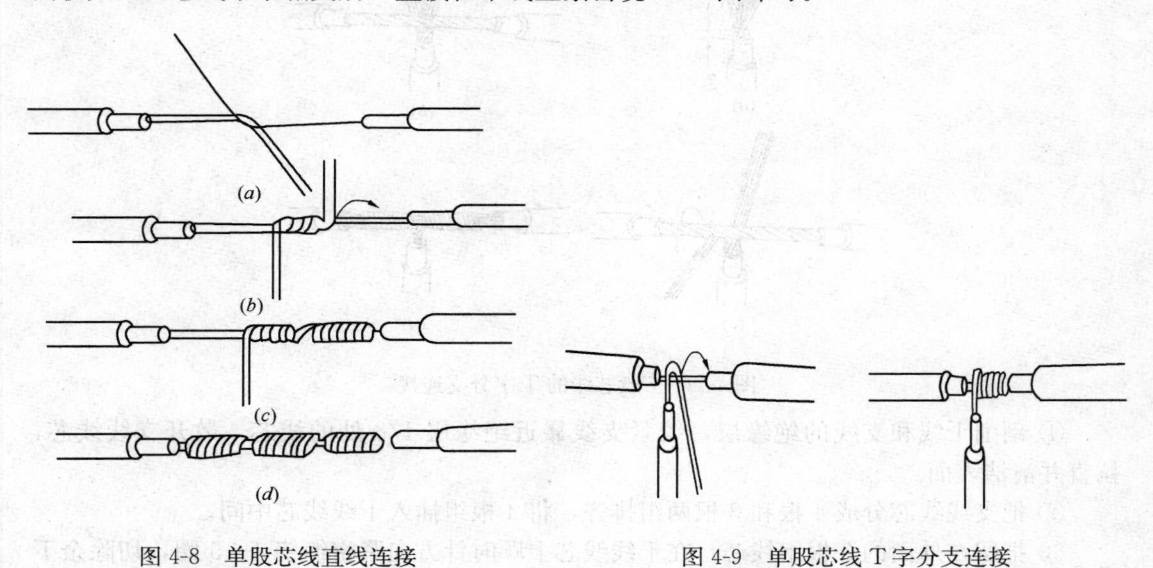

图 4-8　单股芯线直线连接　　　图 4-9　单股芯线 T 字分支连接

3）7 股芯线的直接连接（操作过程如图 4-10 所示）

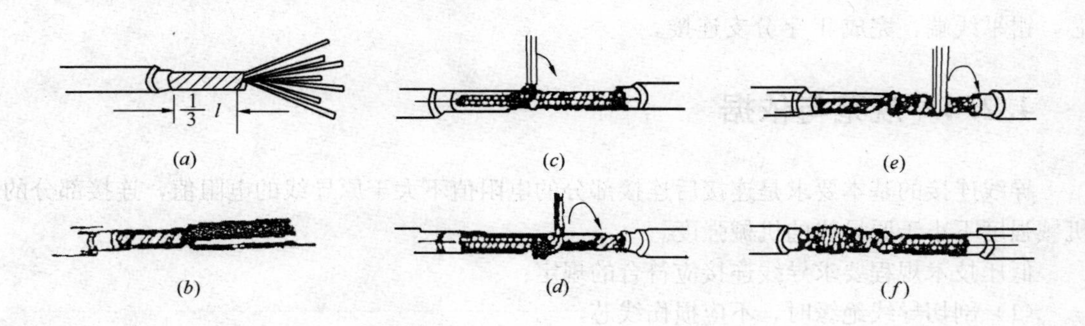

图 4-10　7 股芯线的直接连接

① 线头去除其绝缘后在线头全长的 1/3 根部进一步绞紧，余下的线头芯子分散成伞骨状；

② 两伞骨状对叉；

③ 捏平每股芯线；

④ 在一端分出紧相邻的两根芯线垂直；

⑤ 顺时针方向并绕两圈后扳成直角与干线贴紧；

⑥ 同步骤④，又拿出两根芯线，做法同⑤所述；

⑦ 最后三根芯线密绕至根部；

⑧ 剪去余端，用老虎钳钳平切口。

4）7 股芯线的 T 字分支连接（操作过程如图 4-11 所示）

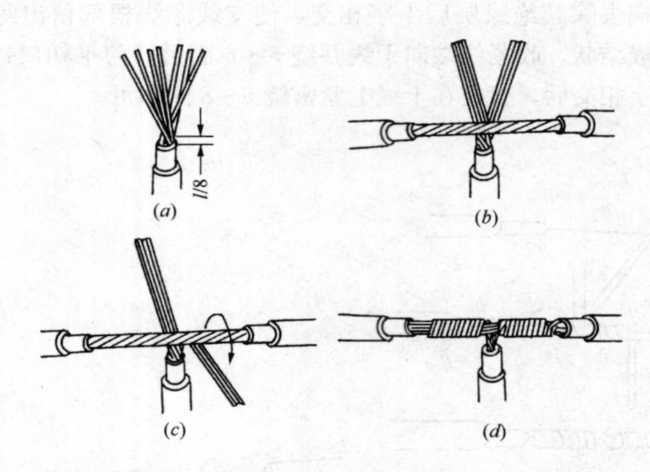

图 4-11　7 股芯线的 T 字分支连接

① 剖削干线和支线的绝缘层，绞紧支线靠近绝缘层 1/8 处的线芯，散开支线线芯，拉直并清洁表面。

② 把支线线芯分成 4 根和 3 根两组排齐，将 4 根组插入干线线芯中间。

③ 把留在外面的 3 根组线芯，在干线线芯上顺时针方向紧密缠绕 4～5 圈，切除余下线芯钳平线端。

④ 再用 4 根组线芯在干线线芯的另一侧顺时针方向紧密缠绕 3～4 圈，切除余下线芯，钳平线端，完成 T 字分支连接。

4.2.4　规范与依据

导线连接的基本要求是连接后连接部分的电阻值不大于原导线的电阻值，连接部分的机械强度不小于原导线的机械强度。

低压技术规程要求导线连接应符合的规定：

（1）剖切导线绝缘时，不应损伤线芯。

（2）导线中间连接和分支连接应使用熔焊、线夹、瓷接头或压接法连接。

（3）分支线的连接处，干线不应受来自支线的横向拉力。

（4）截面 $10mm^2$ 及以下单股铜芯线，$2.5mm^2$ 及以下的多股铜芯线和单股铝线与电器的端子可直接连接，但多股铜芯线应先拧紧挂锡后再连接。

（5）多股铝芯线和截面超过 $2.5mm^2$ 的多股铜芯线的终端，应焊接或压接端子后，再与电器的端子连接。

（6）导线焊接后，接线头的残余焊药和焊渣应清除干净。焊锡应灌得饱满，不应使用酸性焊剂。

（7）接头应用绝缘带包缠均匀、严密，不低于原导线的绝缘强度。

4.2.5 项目工作页（表 4-2）

表 4-2

工作项目	建筑强电	工作任务	导线的连接
知识准备			
1. 导线连接的基本要求是什么？ 2. 试述 7 股芯线直线连接的操作过程。 3. 简述单股芯线 T 字分支连接的操作过程。			
工作过程			
你所做的是哪一种导线的连接？采用的连接形式是什么？简述操作过程。			

续表

工作评价			
你主要承担的工作内容：			

序号	评价项目及权重	学生自评	小组长价
1	工作纪律和态度（20分）		
2	工作量（30分）		
3	实践操作能力（30分）		
4	团队协作能力（20分）		
小　计			
1	自评互评（40分）		
2	小组成绩（20分）		
3	工作情况（40分）		
总　分			

实训成果

1. 分别写出7股芯线的直线和T字分支连接的操作过程。

2. 通过本次实训，你有什么收获，对你以后的生活、工作和学习有什么帮助？

4.3 白炽灯照明电路的连接

4.3.1 目的与要求

1. 任务目的

(1) 认识白炽灯、常用灯座、常用开关的种类及结构掌握白炽灯控制电路的原理。

(2) 能熟练进行白炽灯的单联开关控制和双联开关控制的线路连接操作。

2. 任务要求

以小组为单位，认识白炽灯、常用灯座、常用开关的种类及结构掌握白炽灯控制电路的原理，每人轮流进行白炽灯的单联开关控制和双联开关控制的线路连接操作，并完成学生工作页。

4.3.2 工具与计划

1. 场地

电工实训室。

2. 分组

一个小组 4～8 人。

3. 时间

1 学时。

4. 仪器工具

螺丝刀、剥线钳。

4.3.3 要点与流程

1. 要点

白炽灯的优点是结构简单、使用方便、价格便宜；但是发光效率低、寿命短。适用照度要求较低，开关次数频繁的室内外场所。

安装照明电路必须遵循的总的原则：火线必须进开关；开关、灯具要串联；照明电路间要并联。

2. 流程

(1) 认识常用白炽灯泡、灯头、开关的类型及结构：

① 白炽灯泡的类型及结构如图 4-12 所示。

② 常用灯座如图 4-13 所示；

③ 常用的开关如图 4-14 所示；

(2) 白炽灯照明电路的安装与接线

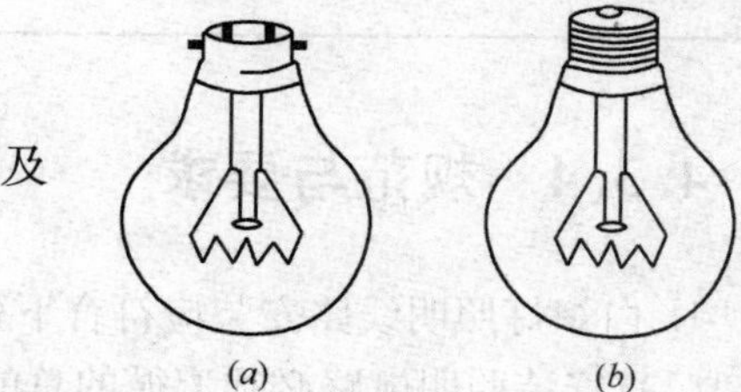

图 4-12 白炽灯泡

(*a*) 卡口式；(*b*) 螺口式

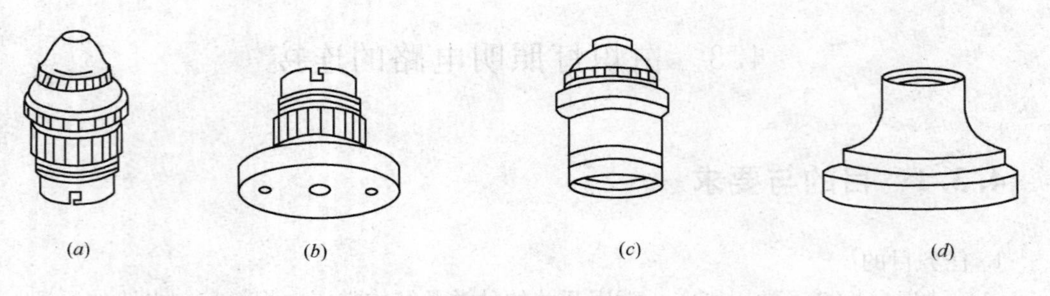

图 4-13 常用灯座

(a) 卡口吊灯座；(b) 卡口式平灯座；(c) 螺口吊灯座；(d) 螺口式平灯座

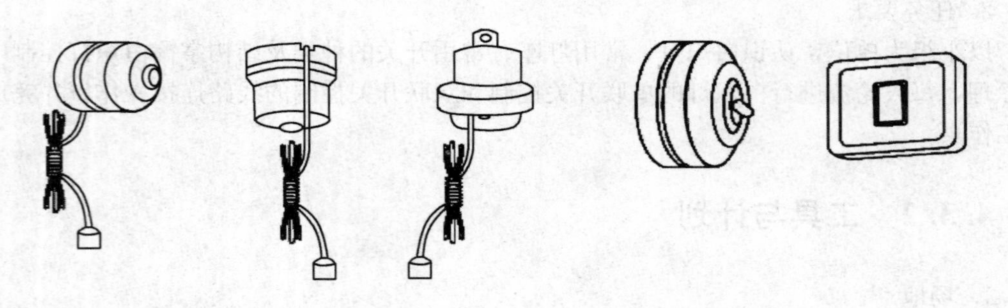

图 4-14 常用开关

实训步骤：先将准备实验的开关装到开关盒上，白炽灯的基本控制线路见表 4-3，可选用几种进行实验。

白炽灯的基本控制线路 **表 4-3**

两个单联开关，分别控制两盏灯	电源 中性线 相线	用于多个开关及多个灯，可延伸接线
两个双联开关在两会，控制一个灯	零 火 三根线(两火一零)	用于楼梯或走廊，两端都能开、关的场合。接线口诀：开关之间三条线，零线经过不许断，电源与灯各一边

4.3.4 规范与要求

1. 白炽灯照明线路安装应符合下列要求：

(1) 安装照明电路必须遵循的总的原则：火线必须进开关；开关、灯具要串联；照明电路间要并联。

(2) 白炽灯照明线路配置的开关的接线方法为：先用一字螺丝刀将长方孔内的白色塑

料块压住，然后将剥好的线插到开关的接线孔中，再拿开螺丝刀即可。

4.3.5 项目工作页（表 4-4）

表 4-4

工作项目	建筑强电	工作任务	白炽灯照明线路连接
知识准备			
1. 常用白炽灯、灯座、开关类型有哪些？ 2. 安装照明电路必须遵循的总原则：火线必须进________；开关、灯具要________；照明电路间要________。 3. 白炽灯的优缺点有哪些？ 4. 绘制两个单联开关，分别控制两盏灯的电路原理图？			
工作过程			
你连接的是哪一种白炽灯控制线路？这种控制线路适用于什么地方？绘制其控制线路图。			

续表

工作评价			
你主要承担的工作内容：			

序号	评价项目及权重	学生自评	小组长价
1	工作纪律和态度（20 分）		
2	工作量（30 分）		
3	实践操作能力（30 分）		
4	团队协作能力（20 分）		
小　计			
1	自评互评（40 分）		
2	小组成绩（20 分）		
3	工作情况（40 分）		
总　分			

实训成果

1. 写出下图中所示的白炽灯、灯座的名称。

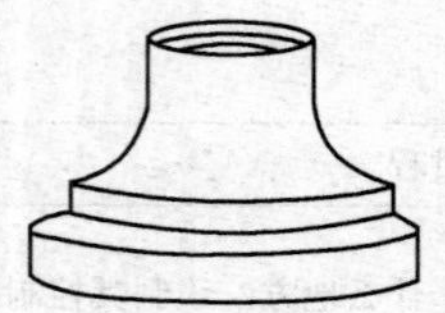

2. 本次实训你有什么收获？

4.4 日光灯照明线路连接

4.4.1 目的与要求

1. 任务目的

(1) 了解日光灯发光电路的电路原理、结构组成。

(2) 能熟练进行日光灯电路的线路连接操作。

2. 任务要求

以小组为单位，使用实训室提供的工具，结合电路原理图，每人轮流进行日光灯电路的线路连接操作，并完成学生工作页。

4.4.2 工具与计划

1. 场地

电工实训室。

2. 分组

一个小组4～8人。

3. 时间

1学时。

4. 仪器工具

螺丝刀、剥线钳、电工刀。

4.4.3 要点与流程

1. 要点

日光灯的优点是光效较高、寿命长、光色好、其光谱曲线接近天然色，且光通量均匀、光线柔和、发热小；但在低温情况下不能正常启动，不宜频繁开启，发光会随电源座周期性明暗闪烁。因此不宜用于室外或有转动机加工的车间；适于照度要求高且正确辨别色彩的悬挂较低的室内照明场所。

2. 流程

(1) 日光灯电路原理图

日光灯电路的原理如图4-15所示。

当日光灯接通电源后，电源电压经镇流器、灯丝、加在起辉器的U形动触片和静触片之间，起辉器放电。放电时的热量使双金属片膨胀并向外弯曲，动触片与静触片接

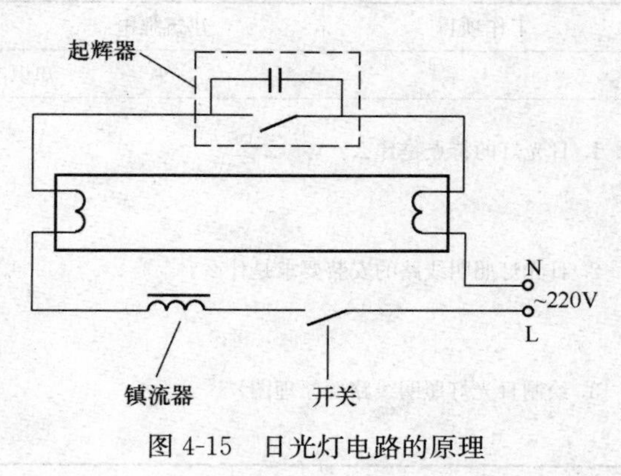

图4-15 日光灯电路的原理

触，接通电路，使灯丝预热并发射电子，与此同时，由于U形动触片与静触片相接触，使两片间电压为零而停止辉光放电，使U形动触片冷却并恢复原形，脱离静触片，在动触片断开瞬间，镇流器两端会产生一个比电源电压高得多的感应电动势，这个感应电动势加在灯管两端，使灯管内惰性气体被电离引起电弧光放电，随着灯管内温度升高，液态汞就汽化游离，引起汞蒸气弧光放电而发出肉眼看不见的紫外线，紫外线激发灯管内壁的荧光粉后，发出近似月光的灯光。镇流器另外还有两个作用，一个是在灯丝预热时，限制灯丝所需要的预热电流值，防止预热过高而烧断，并保证灯丝电子的发射能力。二是在灯管起辉后，维持灯管的工作电压和限制灯管工作电流在额定值内，以保证灯管能稳定工作。

并联在氖泡上的电容有两个作用，一是与镇流器线圈形成LC振荡电路，能延长灯丝的预热时间和维持感应电动势，二是能吸收干扰收音机和电视机的交流杂声。如电容被击穿，则将电容剪去后仍可使用；若完全损坏，可暂时借用开关或导线代替，同样可起到触发作用。如灯管一端灯丝断裂，将该端的两只引出脚并联后仍可使用一段时间。可以在日光灯的输入电源上并一个电容来改善功率因数。

（2）电路的安装

安装时，起辉器座的两个接线柱分别与两个灯座中的各一个接线柱相连接；两个灯座中余下的接线柱，一个与中线相连，另一个与镇流器的一个线端相连；镇流器的一个线端与开关的一端相连；开关的另一端与电源的相线相连。经检查安装牢固与接线无误后，“启动”交流电源，日光灯应能正常工作。若不正常，则应分析并排除故障使日光灯能正常工作。

4.4.4 规范与依据

日光灯照明线路的安装要求

安装照明电路必须遵循的总的原则：火线必须进开关；开关、灯具要串联；照明电路间要并联。

4.4.5 项目工作页（表4-5）

表4-5

工作项目	建筑强电	工作任务	日光灯照明线路连接
知识准备			
1. 日光灯的特点是什么？ 2. 日光灯照明线路的安装要求是什么？ 3. 绘制日光灯照明线路的原理图。			

续表

工作过程
简述电路的安装操作过程。

工作评价
你主要承担的工作内容：

序号	评价项目及权重	学生自评	小组长评价
1	工作纪律和态度（20分）		
2	工作量（30分）		
3	实践操作能力（30分）		
4	团队协作能力（20分）		
小　　计			
1	自评互评（40分）		
2	小组成绩（20分）		
3	工作情况（40分）		
总　　分			

实训成果
1. 并联在氖泡上的电容的作用是什么？
2. 试绘制日光灯照明线路控制电路图，并说明镇流器的作用。
3. 通过这次实训，你的收获是什么？对你有什么帮助？

4.5 电度表原理与接线

4.5.1 目的与要求

1. 任务目的

(1) 了解感应式电度表的基本结构、工作原理、种类及用途。

(2) 掌握电度表的安装要求及安全要求。

(3) 能熟练进行单相电度表的直接接线操作，三相三线制电度表的直接接线操作。

2. 任务要求

以小组为单位，每人轮流进行单相电度表、三相三线制电度表的直接接线操作，并完成学生工作页。

4.5.2 工具与计划

1. 场地

电工实训室。

2. 分组

一个小组 4～8 人。

3. 时间

1 学时。

4. 仪器工具

电度表、剥线钳、螺丝刀、电工刀、绝缘胶带。

4.5.3 要点与流程

1. 要点

(1) 电度表的选择要使它的型号和结构与被测的负荷性质和供电制式相适应，它的电压额定值要与电源电压相适应，电流额定值要与负荷相适应。

(2) 要弄清电度表的接线方法，然后再接线。接线一定要细心，接好后仔细检查。如果发生接线错误，轻则造成计量不准或者电表反转，重则导致烧表，甚至危及人身安全。

(3) 配用电流互感器时，电流互感器的二次侧在任何情况下都不允许开路。二次侧的一端应做良好的接地。接在电路中的电流互感器如暂时不用时，应将二次侧短路。

(4) 容量在 250A 及以上的电度表，需加装专用的接线端子，以备校表之用。

2. 流程

(1) 认识电度表

电度表是计量电能的仪表。凡是需要计量用电量的地方，都要使用电度表。电度表可以计量交流电能，也可以计量直流电能；在计量交流电能的电度表中，又可分成计量有功电能和无功电能的电度表两类。本实验要介绍的电度表是用量最大的计量交流有功电能的感应式电度表。交流电度表分为单相电度表和三相电度表两类，分别用于单相及三相交流系统

1）电度表的规格和电气参数

① 额定电压

单相电度表的额定电压有 220（250）V 和 380V 两种，分别用在 220V 和 380V 的单相电路中。三相电度表的额定电压有 380V、380/220V、100V 三种，分别用在三相三线制（或三相四线制的平衡负荷）、三相四线制的平衡或不平衡负荷以及通过电压互感器接入的高压供电系统中。

② 额定电流

电度表的额定电流有多个等级。如 1A、2A、3A、5A 等等。它们表明了该电度表所能长期安全流过的最大电流。有时，电度表的额定电流标有两个值，后面一个写在括号中，如 2（4）A，这说明该电度表的额定电流为 2A，最大负荷可达 4A。

③ 频率

国产交流电度表都用在 50Hz 的电网中，故其使用频率也都是 50Hz。

④ 电度表常数

它表示每用 1 千瓦小时的电，电度表的铝盘所转动的圈数。例如，某块电度表的电度表常数为 700，说明电度表每走一个字，即每用 1 千瓦小时的电，铝盘要转 700 圈。根据电度表常数，可以测算出用电设备的功率。

2）感应式电度表的基本结构和原理

感应式单相电度表的结构示意图见图 4-16。它由以下几部分组成：

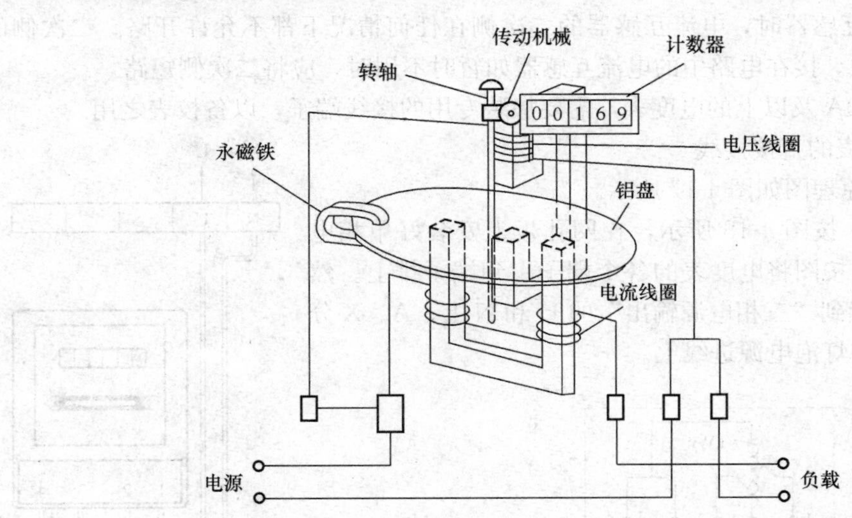

图 4-16　感应式单相电度表

① 电磁机构

这是电度表的核心部分。它由两组线圈和各自的磁路组成。一组线圈称为电流线圈，它与被测负载串联，工作时流过负荷电流；另一组线圈与电源并联，称为电压线圈。电度

表工作时，两组线圈产生的磁通同时穿过铝盘，在这些磁通的共同作用下，铝盘受到一个正比于负载功率的转矩，同时铝盘开始转动。其转速与负载功率成正比。铝盘通过齿轮机构带动计数器，可直接显示用电量。

② 计数器

它是电度表的指示机构。又称积算器，用电量的多少，最终由它指示出来。

③ 传动机构

也就是电磁机构和积算器之间的各种传动部件。由齿轮、蜗轮及蜗杆组成。铝盘的转数通过这一部分在计数器上显示出来。

④ 制动机构

是一块可以调整的永磁铁。电度表正常工作时，铝盘受到一个转矩，此时会产生一个角加速度，若不靠永磁铁的制动转矩，铝盘会越转越快。当制动转矩与电磁转矩平衡时，铝盘保持匀速转动。

⑤ 其他部分

包括各种调节校准机构，支架，轴承，接线端子等。它们是电度表的辅助部分，但也是保证电度表正常工作必不可少的。

（2）安装电度表

1）电度表的安全要求

① 电度表的选择要使它的型号和结构与被测的负荷性质和供电制式相适应，它的电压额定值要与电源电压相适应，电流额定值要与负荷相适应。

② 要弄清电度表的接线方法，然后再接线。接线一定要细心，接好后仔细检查。如果发生接线错误，轻则造成计量不准或电表反转，重则导致烧表，甚至危及人身安全。

③ 配用电流互感器时，电流互感器的二次侧在任何情况下都不允许开路。二次侧的一端应良好的接地。接在电路中的电流互感器如暂时不用时，应将二次侧短路。

④ 容量在 250A 及以上的电度表，需要加装专用的接线端子，以备校表之用。

2）单相电度表的直接接线

① 安装接线原理图如图 4-17 所示。

② 连接方法：按图 4-18 所示，在网孔板上安装好单相电度表、端子排。并按图将电度表的各个端子引到端子排上。然后分别将 U、N 接到“三相电源输出”的 U 和 N 上；A、X 分别接到充当负载的灯泡电源进线上。

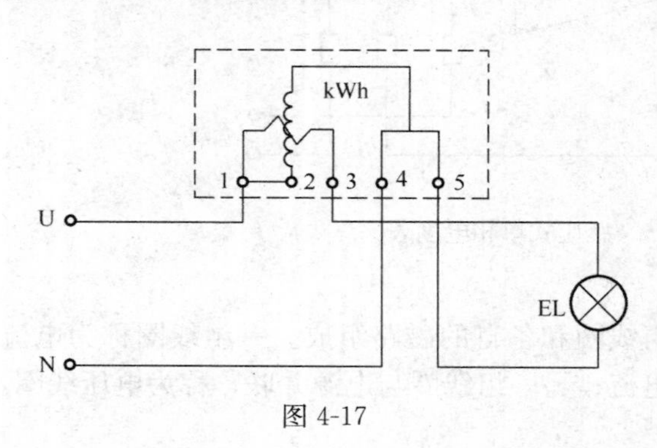

图 4-17

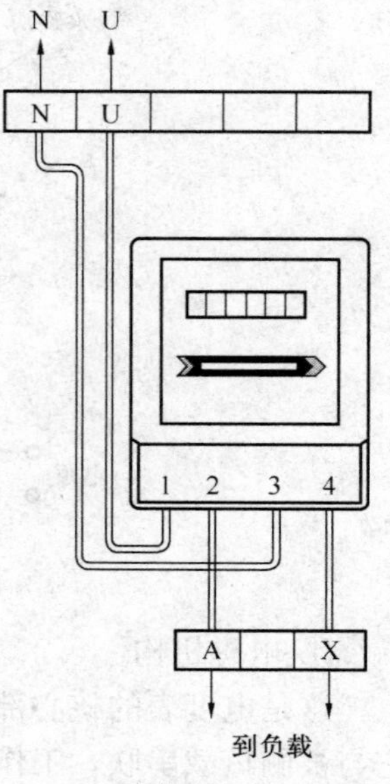

图 4-18

③ 测试与调试

检查接线无误后，可按下控制屏上的启动按钮进行启动，电源启动后，充当负载的灯泡亮，观察电度表的铝圆盘，应看到它从左往右均速转动。若感觉转速太慢不好观察，可将几个灯泡并联起来（注意断电后再操作）。

3）三相三线制电度表的直接接线

三相电度表按其结构的不同，可分成两元件表和三元件表。所谓一个元件，就是指一组电流线圈和一组相关的电压线圈以及它们和各自的铁芯。单相电度表只有一组元件，而三相电度表可以有两组或三组元件。其中两个元件表用在三相三线制系统中，用来计量三相负载的用电量，也可以用在负载对称的三线四线供电制系统中。而三元件表用在三相四线制供电系统中，既可以计量对称负载，也可以计量不对称负载。如果负荷的电流较大，同样要配用电流互感器。配用电流互感器时，由于电流互感器的二次侧电流都是5A，因此电度表的额定电流也应选用5A。这种配合关系称为电度表与电流互感器的匹配。

① 安装接线原理图如图4-19所示。

② 连接方法

按图4-20所示，在网孔板上安装好三相电度表、端子排。并按图将线引到端子排上。然后分别将U、V、W接到“三相电源输出”的U、V、W上；A、B、C分别接到负载的三相电源上，可以用电机或灯泡充当负载（注意用灯泡做三相负载时，因为灯泡的额定电压为220V，所以要将灯泡接成Y形并且三相负载要相等）。

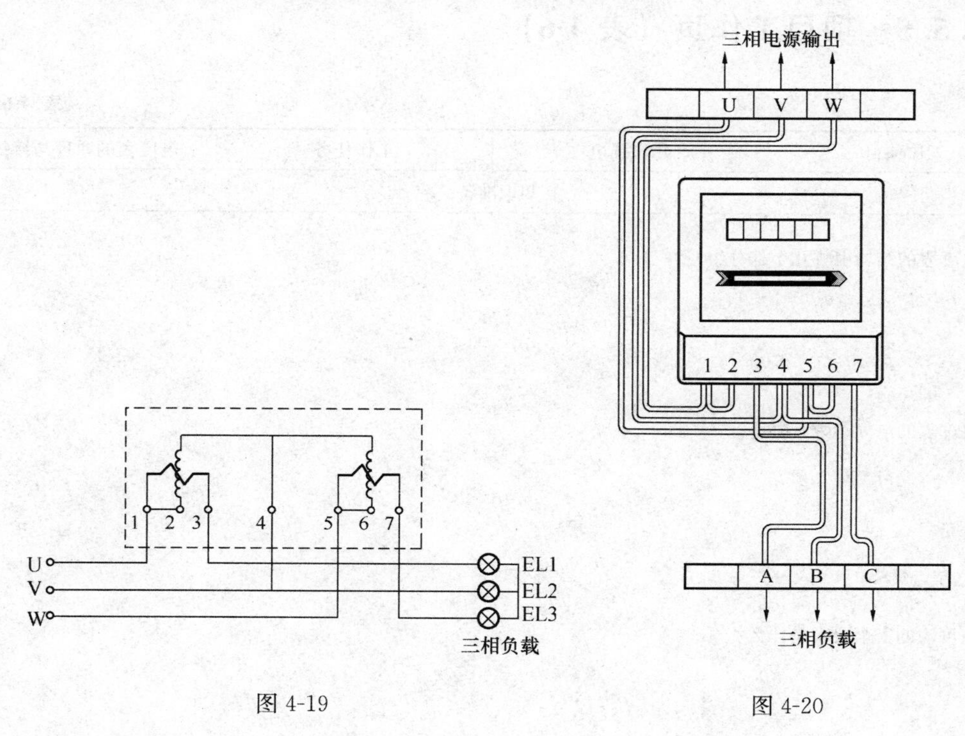

图4-19

图4-20

③ 测试与调试

检查接线无误后，可按下控制屏上的启动按钮进行启动，电源启动后，充当负载的灯泡亮，观察电度表的圆盘，应看到它从左往右均速转动。可以改变负载的大小，观察电度表转盘的转动速度情况。改变负载时应先断电，改变负载应使三相负载保持平衡。

4.5.4 规范与依据

电度表的安装应符合下列要求：

1. 下列场合不允许安装电能表：

（1）在易燃易爆的危险场所；

（2）有腐蚀性气体或高温的危险场所；

（3）有磁场影响及多灰尘的地方。

2. 装在开关柜上：高度以1.4～1.7m为宜，不允许低于0.4m。装表地点的温度应在0～40℃之间。对加热系统的距离不得小于0.5m，一般不得装在室外。安装应垂直，倾斜度不得大于10°。当几只表装在一起时，表间距离不应小于60mm。

3. 表若经过电流互感器安装，则二次回路应于继电保护回路分开。电流二次应采用绝缘铜线，截面不小于2.5mm^2。对计量二次回路的要求对计量用的电流、电压互感器二次回路导线必须使用铜线。电压二次回路导线的截面不得小于1.5mm^2；电流二次回路的导线截面不得小于2.5mm^2。计量用电压互感器，规定二次回路电压降不得超过二次额定电压的0.5%；对于Ⅰ类用户则要求电压降不超过额定电压的0.25%。

4.5.5 项目工作页（表4-6）

表4-6

工作项目	建筑强电	工作任务	电度表的原理与接线
知识准备			
1. 电度表的结构由哪几个部分组成？ 2. 电度表的电气参数有哪些？ 3. 电度表的安全要求是什么？			

工作过程

你安装的是哪种电度表？绘制该电度表的接线原理图，并叙述其连接方法。

工作评价

你主要承担的工作内容：

序号	评价项目及权重	学生自评	小组长评价
1	工作纪律和态度（20分）		
2	工作量（30分）		
3	实践操作能力（30分）		
4	团队协作能力（20分）		
小　计			
1	自评互评（40分）		
2	小组成绩（20分）		
3	工作情况（40分）		
总　分			

续表

实训成果

1. 在下图中标出电度表的各个组成结构名称。

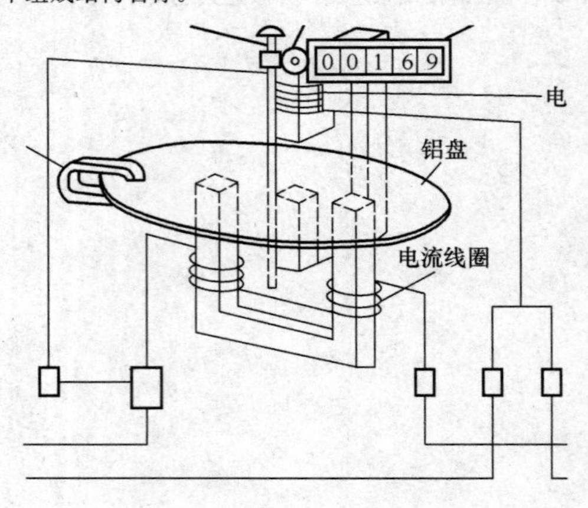

2. 简述电度表的安装要求。

3. 本次实训你学到了什么？对你的学习、生活有什么作用？

4.6 万用表的使用

4.6.1 目的与要求

1. 任务目的

(1) 掌握万用表等常用电工仪表的使用方法。

(2) 能熟练使用万用表进行电流、电压等基本参数的测量。

2. 任务要求

以小组为单位，每人轮流使用万用表测量线路的电压、电流，并完成学生工作页。

4.6.2 工具与计划

1. 场地

电工实训室。

2. 分组

一个小组 4～8 人。

3. 时间

1 学时。

4. 仪器工具

万用表。

4.6.3 要点与流程

1. 要点

万用表是一种及其常用的电工仪表，在电气工程日常工作与维护中用途很广泛。在使用时应注意以下几点：

(1) 在使用万用表之前，应先进行“机械调零”，即在没有被测电量时，使万用表指针指在零电压或零电流的位置上。

(2) 在使用万用表过程中，不能用手去接触表笔的金属部分，这样一方面可以保证测量的准确，另一方面也可以保证人身安全。

(3) 在测量某一电量时，不能在测量的同时换挡，尤其是在测量高电压或大电流时，更应注意。否则，会使万用表毁坏。如需换挡，应先断开表笔，换挡后再去测量。

(4) 万用表在使用时，必须水平放置，以免造成误差。同时，还要注意到避免外界磁场对万用表的影响。

(5) 万用表使用完毕，应将转换开关置于交流电压的最大挡。如果长期不使用，还应将万用表内部的电池取出来，以免电池腐蚀表内其他器件。

2. 流程

（1）观察和了解万用表的结构

万用表种类很多，外形各异，但基本结构和使用方法是相同的。万用表面板上王要有表头和选择开关。还有欧姆挡调零旋钮和表笔插孔。下面介绍各部分的作用：

① 表头

万用表的表头是灵敏电流计。表头上的表盘印有多种符号，刻度线和数值（如图 4-21）。

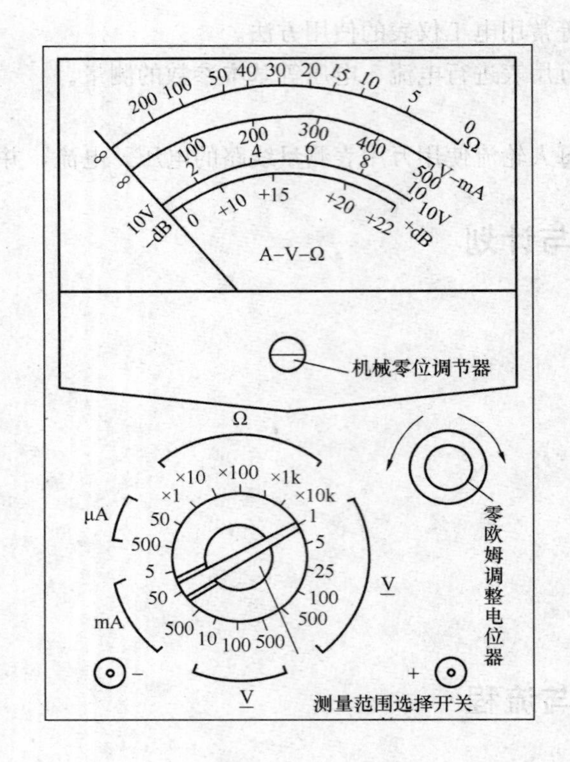

图 4-21　表头

符号 A—V—Ω 表示这只电表是可以测量电流、电压和电阻的多用表。表盘上印有多条刻度线，其中右端标有“Ω”的是电阻刻度线，其右端为零，左端为∞，刻度值分布是不均匀的。符号“－”或“DC”表示直流，“～”或“AC”表示交流，“～”表示交流和直流共用的刻度线。刻度线下的几行数字是与选择开关的不同档位相对应的刻度值。

表头上还设有机械零位调整旋钮，用以校正指针在左端指零位。

② 选择开关

万用表的选择开关是一个多挡位的旋转开关。用来选择测量项目和量程。（如图 1）。一般的万用表测量项目包括：“mA”；直流电流、“V̲”：直流电压、“V̰”：交流电压、“Ω”：电阻。每个测量项目又划分为几个不同的量程以供选择。

③ 表笔和表笔插孔

表笔分为红、黑二支。使用时应将红色表笔插入标有“＋”号的插孔，黑色表笔插入标有“一”号的插孔。

(2) 万用表的使用方法

① 万用表使用前，应做到：

万用表水平放置。

应检查表针是否停在表盘左端的零位。如有偏离，可用小螺丝刀轻轻转动表头上的机械零位调整旋钮，使表针指零。

将表笔按上面要求插入表笔插孔。

将选择开关旋到相应的项目和量程上。就可以使用了。

② 万用表使用后，应做到：

拔出表笔。

将选择开关旋至“OFF”档，若无此档，应旋至交流电压最大量程挡，如“又1000V”档。

若长期不用，应将表内电池取出，以防电池电解液渗漏而腐蚀内部电路。

(3) 用万用表测量电压

① 选择量程。万用表直流电压挡标有“V”，有 2.5、10、50、250V 和 500V 五个量程。根据电路中电源电压大小选择量程。由于电路中电源电压只有 3V，所以选用 10V 挡。若不清楚电压大小，应先用最高电压挡测量，逐渐换用低电压挡。

② 测量方法。万用表应与被测电路并联。红笔应接被测电路和电源正极相接处，黑笔应接被测电路和电源负极相接处（图 4-22）。

③ 正确读数。仔细观察表盘，直流电压档刻度线是第二条刻度线，用 10V 档时，可用刻度线下第三行数字直接读出被测电压值。注意读数时，视线应正对指针。

(4) 用万用表测量电流

选择量程：万用表直流电流挡标有“mA”有 1mA、1omA、100mA 三档量程。选择量程，应根据电路中的电流大小。如不知电流大小，应选用最大量程。

测量方法：万用表应与被测电路串联。应将电路相应部分断开后，将万用表表笔接在断点的两端。红表笔应接在和电源正极相连的断点，黑表笔接在和电源负极相连的断点（如图 4-22）。

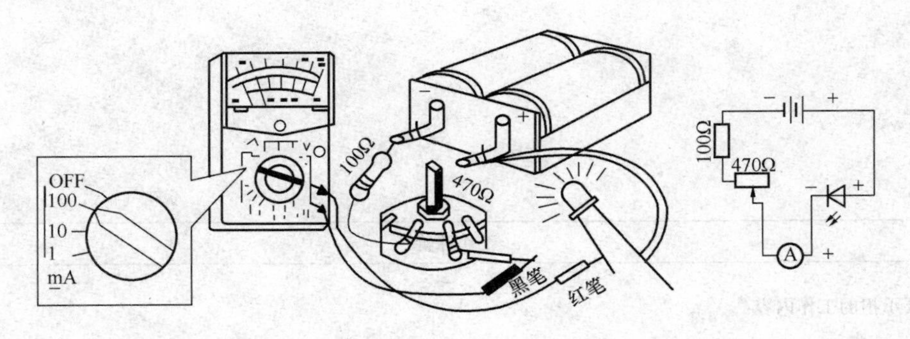

图 4-22

正确读数：直流电流挡刻度线仍为第二条，如选 100mA 档时，可用第三行数字，读数后乘 10 即可。

4.6.4 规范与依据

万用表的使用，应该严格按照使用要求进行，防止万用表毁坏；还应注意红笔应接被测电路和电源正极相接触，黑笔应接被测电路和电源负极相接触。

4.6.5 项目工作页（表 4-7）

表 4-7

<table>
<tr><td>工作项目</td><td>建筑强电</td><td>工作任务</td><td>万用表的使用</td></tr>
<tr><td colspan="4">知识准备</td></tr>
<tr><td colspan="4">1. 万用表可以测量______、______、______？

2. 红笔应接被测电路和电源______相接触，黑笔应接被测电路和电源______相接触。

3. 万用表使用的注意事项是什么？</td></tr>
<tr><td colspan="4">工作过程</td></tr>
<tr><td colspan="4">你使用万用表测量的是电流还是电压？简述测量及读数的方法。</td></tr>
<tr><td colspan="4">工作评价</td></tr>
<tr><td colspan="4">你主要承担的工作内容：</td></tr>
</table>

续表

序号	评价项目及权重	学生自评	小组长评价
1	工作纪律和态度（20 分）		
2	工作量（30 分）		
3	实践操作能力（30 分）		
4	团队协作能力（20 分）		
	小　　计		
1	自评互评（40 分）		
2	小组成绩（20 分）		
3	工作情况（40 分）		
	总　　分		
实训成果			

1. 看图，并分别回答下列问题。

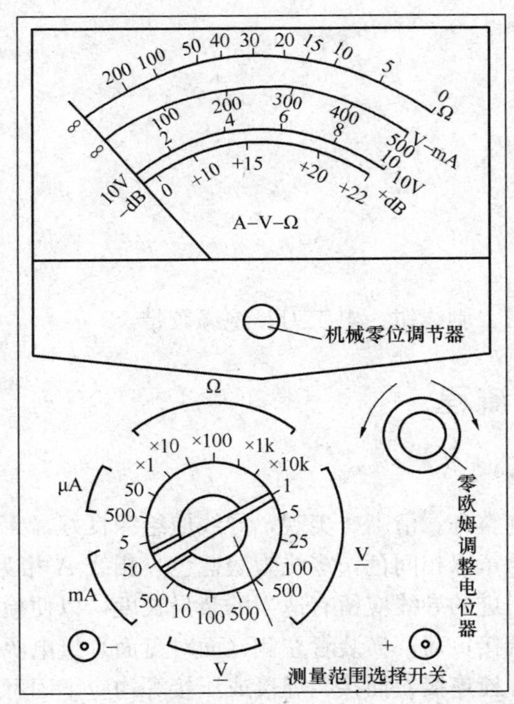

如果指针没有停在表盘的最左端，应该怎么办？在使用时，“+”孔应该插什么颜色的表笔，“—”孔呢？当测量范围选择开关转动到“$\underline{V}$”档时，测量的是什么数值？转动到“ $\underset{\sim}{V}$ ”档时测量的又是什么？

2. 万用表使用前和使用后应该分别作什么工作？

3. 通过本次实训，你学到了什么？对你有什么帮助？

4.7 照明配电箱的接线

4.7.1 目的与要求

1. 任务目的

(1) 了解照明配电箱的结构组成及工作原理。

(2) 掌握照明配电箱的接线方法。

2. 任务要求

以小组为单位，每人轮流进行照明配电箱的接线操作，并完成学生工作页。

4.7.2 工具与计划

1. 场地

电工实训室。

2. 分组

一个小组 4～8 人。

3. 时间

1 学时。

4. 仪器工具

照明配电箱、螺丝刀、剥线钳、电工刀、绝缘胶带。

4.7.3 要点与流程

1. 要点

配电箱上配线需排列整齐、清晰、美观，导线应绝缘良好，无损伤，并绑扎成束。线色应严格按接地保护线为黄绿相间色，零线为淡蓝色，相线 A 相为黄色，B 相为绿色，C 相为红色。盘面引出或引进的导线应留有适当的余量长度，以便检修。垂直装设的刀闸及熔断器上端接电源，下端接负荷；横装者左侧（面对盘面）接电源，右侧接负荷。配电箱内导线与电气元件采用螺栓连接、插接、焊接或压接等均应牢固可靠。配电箱内的导线不应用接头，导线芯线应无损伤。导线剥削处不应过长，导线压头应牢固可靠，多股导线必须搪锡且不得减少导线股数。导线连接采用直接或加装压线端子。配电箱的箱体、箱门及箱底盘均应采用铜编织带或黄绿相间色铜芯软线可靠接于 PE 端子排，零线和 PE 线端子排应保证一孔一线。

2. 流程（图 4-23）

(1) 照明配电箱的结构、工作原理

一个配电箱应包括底板、单相电度表、插入式熔断器、单相空气开关、线槽等部分。其主要结构有上、中、下 3 层。

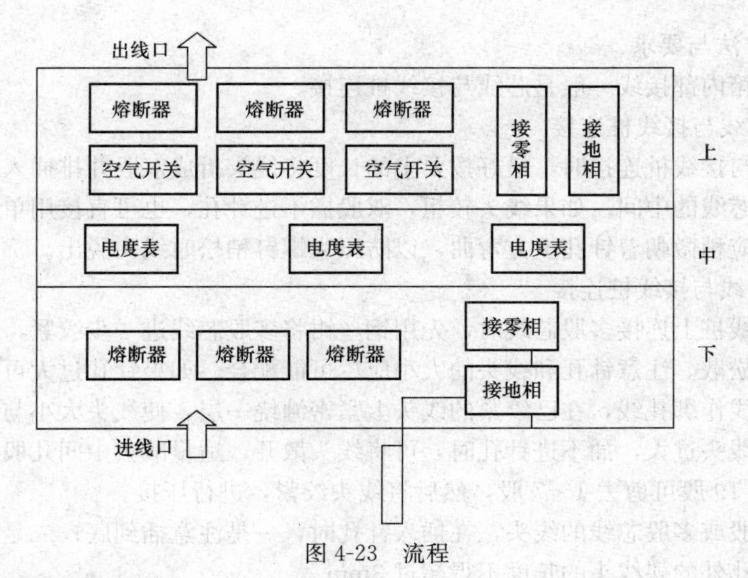

图 4-23 流程

（2）照明配电箱的接线

1）控制柜电气原理图如图 4-24 所示。

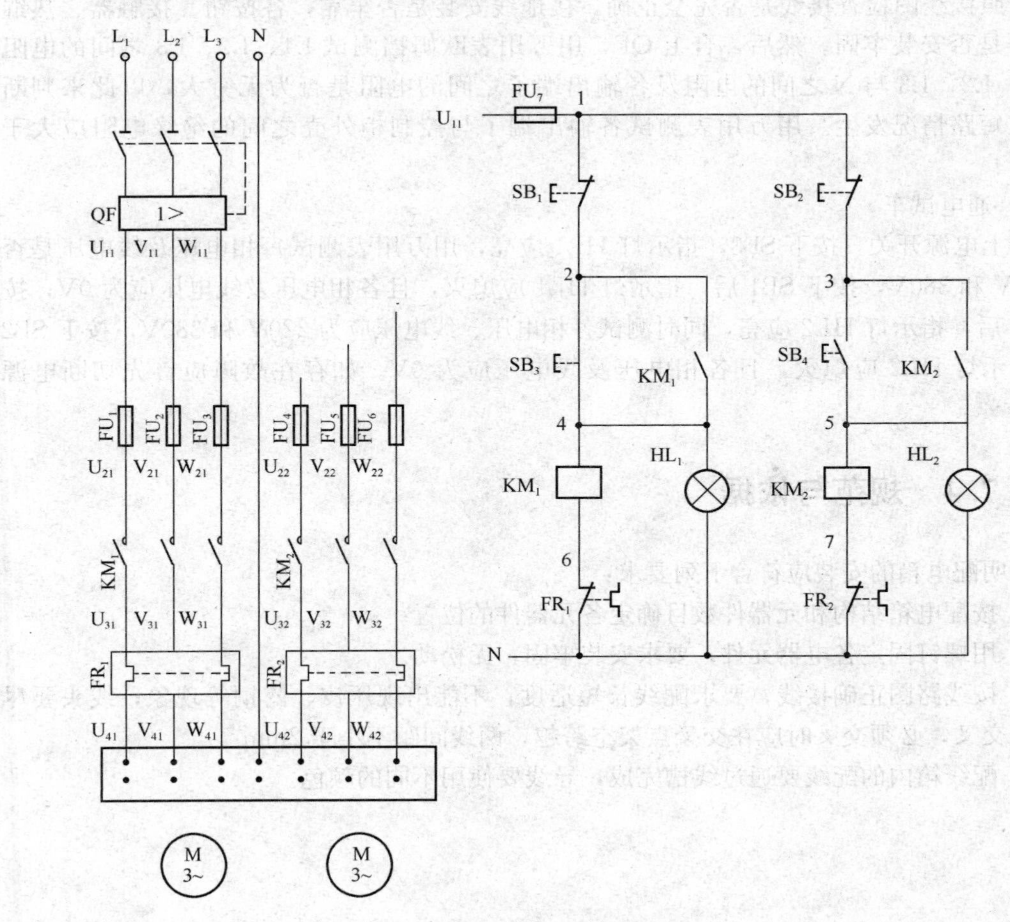

图 4-24 控制柜电气原理图

2）接线方法与要求

照明配电箱内部接线一般是芯线与接线桩连接。

① 单股芯线与接线桩连接

单股芯线与接线桩连接时，最好按要求的长度将线头折成双股并排插入针孔，使压接螺钉顶紧双股芯线的中间。如果线头较粗，双股插不进针孔，也可直接用单股，但芯线在插入针孔前，应稍微朝着针孔上方弯曲，以防压紧螺钉稍松时线头脱出。

② 多股芯线与接线桩连接

在针孔接线桩上连接多股芯线时，先用钢丝钳将多股芯线进一步绞紧，以保证压接螺钉顶压时不致松散。注意针孔和线头的大小应尽可能配合。如果针孔过大可选一根直径大小相宜的铝导线作绑扎线，在已绞紧的线头上紧密缠绕一层，使线头大小与针孔合适后再进行压接。如线头过大，插不进针孔时，可将线头散开，适量减去中间几股，通常 7 股可剪去 1－2 股，19 股可剪去 1－7 股，然后将线头绞紧，进行压接。

无论是单股或多股芯线的线头，在插入针孔时，一是注意插到底；二是不得使绝缘层进行针孔，针孔外的裸线头的长度不得超过 3mm。

3）调试

对照接线图检查接线是否完全正确，接地线安装是否牢靠，各按钮、接触器、热继电器等是否安装牢固。然后，合上 QF，用万用表欧姆挡测试 L1、L2、L3 之间的电阻和 L1、L2、L3 与 N 之间的电阻及各输出端子之间的电阻是否为无穷大，以此来判断是否有短路情况发生。用万用表测试各输出端子与控制柜外壳之间的绝缘电阻应大于 5MΩ。

4）通电试车

合上电源开关，按下 SB3，指示灯 HL1 应亮，用万用表测试每相电压及线电压是否为 220V 和 380V，按下 SB1 后，指示灯 HL1 应熄灭，且各相电压及线电压应为 0V；按下 SB4 后，指示灯 HL2 应亮，同时测试各相电压、线电压应为 220V 和 380V，按下 SB2 后，指示灯 HL2 应熄灭，且各相电压及线电压应为 0V。如存在故障应首先切断电源检修。

4.7.4 规范与依据

照明配电箱的安装应符合下列要求：

1. 按配电箱结构和元器件数目确定各元器件的位置。
2. 用螺钉固定各电器元件，要求安装牢固，无松动。
3. 按线路图正确接线，要求配线长短适度，不能出现压皮、露铜等现象；线头要尽量避免交叉，必须交叉时应在交叉点架空跨越，两线间距不小于 2mm。
4. 配线箱内的配线要通过线槽完成，导线要使用不同的颜色。

4.7.5 项目工作页（表 4-8）

表 4-8

工作项目	建筑强电	工作任务	照明配电箱的接线
知识准备			
1. 照明配电箱的安装要求是什么？ 2. 配电箱内相线、零线、接地保护线分别使用什么颜色的导线？			
工作过程			
简述你所使用的导线在配电箱内部的连接方法。			
工作评价			
你主要承担的工作内容：			

续表

序号	评价项目及权重	学生自评	小组长评价
1	工作纪律和态度（20分）		
2	工作量（30分）		
3	实践操作能力（30分）		
4	团队协作能力（20分）		
小　　计			
1	自评互评（40分）		
2	小组成绩（20分）		
3	工作情况（40分）		
总　　分			

实训成果

1. 绘制配电箱控制柜的接线原理图。

2. 简述照明配电箱调试的过程。

3. 本次实训你学到了什么？有什么帮助？

项目5 建 筑 弱 电

5.1 常用弱电导线接头制作

5.1.1 目的与要求

1. 任务目的

(1) 会区分电视信号线、网线、电话线。

(2) 会进行不同导线的接头加工。

2. 任务要求

以小组为单位，区分电视信号线、网线、电话线，加工不同信号线的接头，并完成学生工作页。

5.1.2 工具与计划

1. 场地

楼宇智能化实训室。

2. 分组

一个小组 6～8 人。

3. 时间

1 学时。

4. 仪器工具

(1) 电话线、RJ-11 接头、压线/切线/剥线钳、测线仪。

(2) 网线、RJ-45 接头、压线/切线/剥线钳。

(3) 有线电视线、有线电视接头、美工刀。

5.1.3 要点与流程

1. 要点

(1) 电话线接头使用的 RJ-11 接头，有四个线位，普通电话只使用中间的两芯，而数字电话则需要四条线都接。

(2) 电话线的两根线传递的是交流信号，电话内部拥有整流部件，因此在制作过程中只需保证电话线两端线序一致。

（3）压线钳的最顶部的是压线槽，压线槽提供了三种类型的线槽，分别为6P、8P以及4P，中间的8P槽是我们最常用到的RJ-45压线槽，而旁边的4P为RJ11电话线路压线槽。

（4）在组建网络的时候，网线的制作是一大重点，整个过程都要准确到位，排序的错误和压制的不到位都将直接影响网线的使用，出现网络不通或者网速慢。

（5）有线电视系统的不同位置或不同的场合应采用不同种类和规格的电缆，以尽量满足有线电视系统的技术指标要求。

2. 流程

（1）电话线制作流程

1）用电话线压线钳的切槽口剪裁适当长度的电话线。

2）用压接钳的剥线口将电话线一端的外层保护壳剥下约1.5cm，注意不要损坏保护层内部的芯线。

3）将芯线分开，用斜口钳将芯线顶端剪齐。

4）将水晶头有弹片的一侧向下放置，然后将芯线水平插入水晶头的线槽中，插入线槽的时候芯线没有顺序，只需保持电话线两端的芯线顺序一致。

5）确认导线的线序正确且到位后，将水晶头放入压线钳槽中，再用力压紧，使水晶头加紧在双绞线上。

6）同理，制作电话线的另一端头。

7）用测线仪来测试制作的电话线是否连通。

（2）网线制作流程

1）首先利用压线钳的剪线刀口剪裁出计划需要使用到的双绞线长度。

2）需要把双绞线的灰色保护层剥掉，可以利用到压线钳的剪线刀口将线头剪齐，再将线头放入剥线专用的刀口，稍微用力握紧压线钳慢慢旋转，让刀口划开双绞线的保护胶皮。

3）把每对都是相互缠绕在一起的线缆逐一解开。解开后则根据需要接线的规则把几组线缆依次地排列好并理顺，排列的时候应该注意尽量避免线路的缠绕和重叠。

4）我们把线缆依次排列好并理顺压直之后，应该细心检查一遍，之后利压线钳的剪线刀口把线缆顶部裁剪整齐，需要注意的是裁剪的时候应该是水平方向插入，否则线缆长度不一会影响到线缆与水晶头的正常接触。

5）把整理好的线缆插入水晶头内。

6）把水晶头插入压线钳的8P槽内压线了，把水晶头插入后，用力握紧线钳。

（3）有线电视线制作流程

1）剥去电缆的外层护套；

2）将屏蔽层取散，外折；

3）然后剥去芯线的绝缘层，剥的时候需要注意，芯线长度应该和插头的芯长一致；

4）接好插头，将铜芯用固定螺丝拧紧，并检查屏蔽层固定器是否与金属屏蔽丝良好接合；

5）将插头拧紧。

5.1.4　规范与依据

1. RJ-45 接头中两种标准线序 568A 与 568B

（1）标准 568A：绿白—1，绿—2，橙白—3，蓝—4，蓝白—5，橙—6，棕白—7，棕—8；

（2）标准 568B：橙白—1，橙—2，绿白—3，蓝—4，蓝白—5，绿—6，棕白—7，棕—8。

2. 常见规格有二芯和四芯，线径分别有 0.4 和 0.5，若干地区有 0.8 和 1.0。

5.1.5　项目工作页（表 5-1）

表 5-1

工作项目	建筑弱电	工作任务	常用弱电导线接头制作
知识准备			
1. 电话线 RJ-11 接头有几根针脚？ 2. 网线 RJ-45 接头有几根针脚？ 3. 压线钳一般有几个类型的线槽，分别是什么类型？ 4. 有线电视线的屏蔽线能否与中间的铜丝相碰，如果不能会有什么影响？			

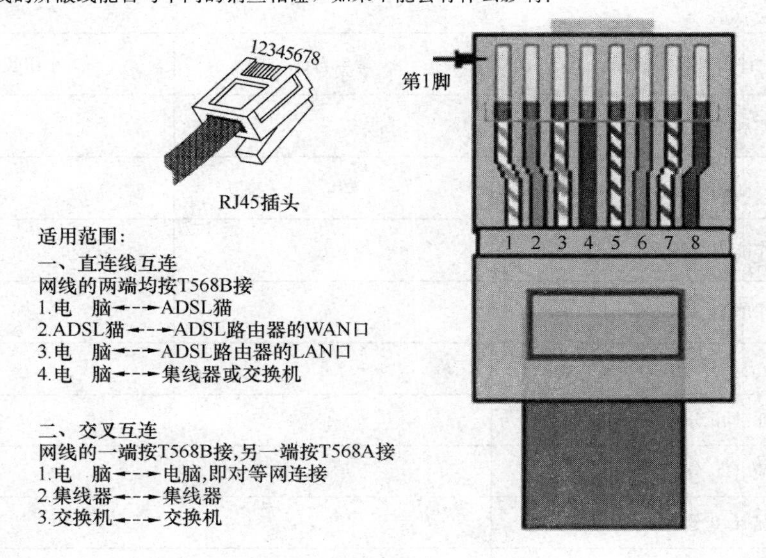

续表

工作项目	建筑弱电	工作任务	常用弱电导线接头制作

工作过程

根据观测和实训后填写记录（RJ-45 接头）。

标准	1	2	3	4	5	6	7	8	备注
T568A				蓝					颜色
T568B						绿			颜色
绕对	同 2					同 3			
10M 交换机									通信线路
100M 交换机	√	√	√			√			通信线路
1000M 交换机									通信线路

工作评价

你主要承担的工作内容：

序号	评价项目及权重	学生自评	小组长评价
1	工作纪律和态度（20 分）		
2	工作量（30 分）		
3	实践操作能力（30 分）		
4	团队协作能力（20 分）		
	小　　计		
1	自评互评（40 分）		
2	小组成绩（20 分）		
3	工作情况（40 分）		
	总　　分		

5.2 对讲门禁系统

5.2.1 目的与要求

1. 任务目的

(1) 认识对讲门禁系统的主要设备。

(2) 会进行对讲门禁系统各主要设备之间的导线连接。

(3) 会对讲门禁系统的功能调试。

2. 任务要求

以小组为单位，根据接线图，对各设备进行导线连接，按要求进行系统调试，并完成学生工作页。

5.2.2 工具与计划

1. 场地

楼宇智能化实训室。

2. 分组

一个小组 6～8 人。

3. 时间

1 学时。

4. 仪器工具

(1) 对讲门禁系统设备、万用表、螺丝刀、号码管、塑料卡、自攻螺钉。

(2) 自带计算器、铅笔。

5.2.3 要点与流程

1. 要点

对讲门禁系统由单元门口主机、用户室内可视分机、层间分配器、联网器、管理中心等组成。

每个梯道入口处安装单元门口主机，可用于呼叫住户或管理中心，业主进入梯道铁门可利用 IC 卡感应开启电控门锁，同时对外来人员进行第一道过滤，避免访客随便进入楼层梯道；来访者可通过梯道主机呼叫住户，住户可以拿起话筒与之通话（可视功能），并决定接受或拒绝来访；住户同意来访者进入后，遥控开启楼门电控锁。业主室内安装的可视分机，对访客进行对话、辨认，由业主遥控开锁。住户家中发生事件时，住户可利用可视对讲分机呼叫小区的保安室，向保安室寻求支援。在保安监控中心安装管理中心机，专供接收用户紧急求助和呼叫。

室内安防子系统报警探测器由门磁、红外探测器、燃气探测器、紧急求助按钮组成。

通过小区联网，可实现对整个小区内所有安装家庭安全防范系统的用户进行集中的保安接警管理。每个家庭的安全防范系统通过总线都可将报警信号传送至管理中心，管理人员可确认报警的位置和类型，同时计算机还显示与住户相关的一些信息，以供保安人员及时和正确的进行接警处理。

2. 流程

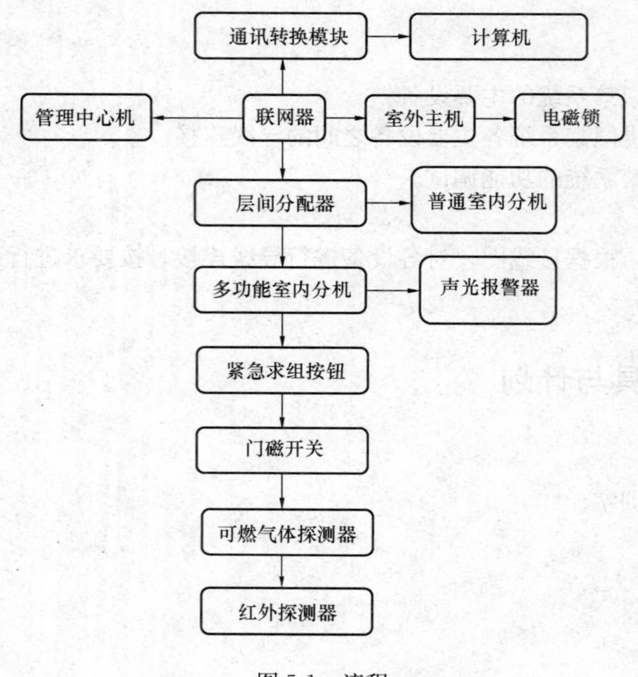

图 5-1　流程

5.2.4　规范与依据

1. 系统电源：

本系统电气控制部分采用配电箱集中供电，子系统从这里引出电源。强电部分有漏电、短路保护装置，供输出接口；弱电部分设有短路保护装置，可以提供 DC＋12V、DC＋18V、AC24V 共三种电压输出。配电箱采用优质端子排作为输出接口，每组输出配有四个接线端口。

2. 技术性能：

(1) 输入电源：单相三线 220V±10% 50Hz 。

(2) 工作环境：温度－10℃～40℃ 相对湿度≤85%（25℃）海拔＜4000m 3. 装置容量：≤1.0kVA 。

(3) 外型尺寸：3120mm×1580mm×2310mm 。

(4) 安全保护：具有漏电压、漏电流保护，安全指标符合国家标准。

5.2.5 项目工作页

表 5-2

工作项目	建筑弱电	工作任务	对讲门禁系统
知识准备			

1. 对讲门禁系统的主要组成设备有哪些？

2. 室内安防系统有哪些功能？

3. 室外呼叫室内，共有多少种方法可以控制开锁，请列举？

4. 对下面系统图进行导线连接？

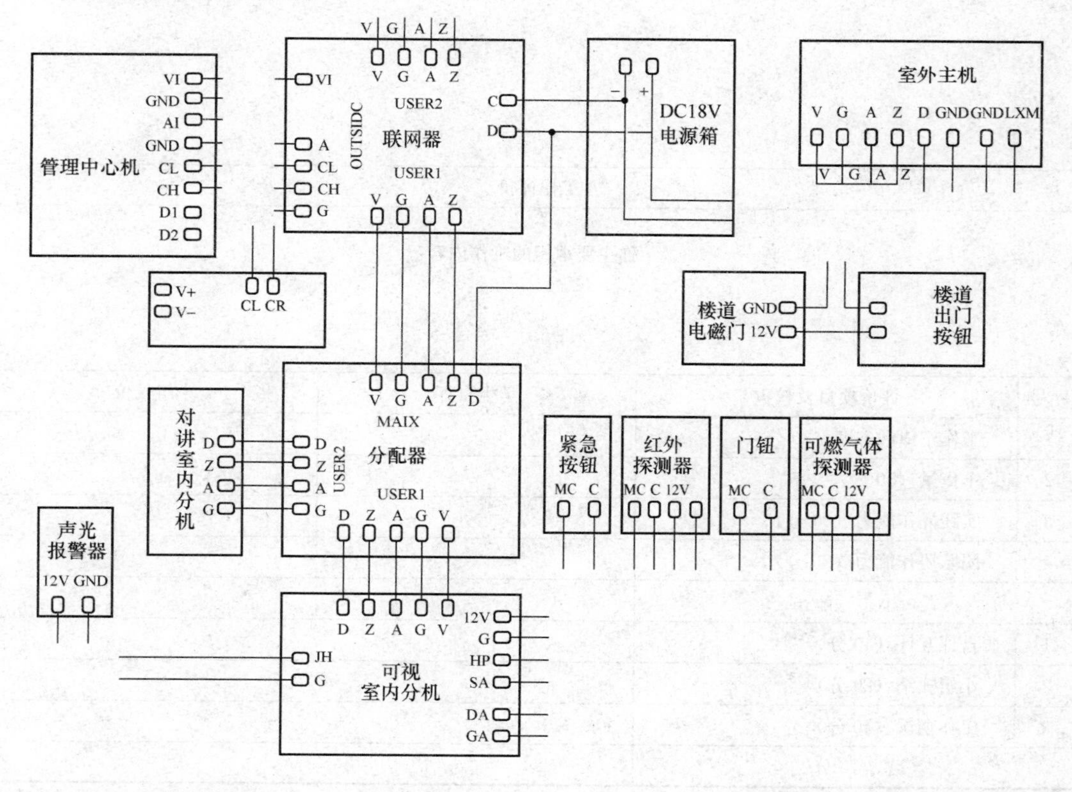

续表

工作项目	建筑弱电	工作任务	对讲门禁系统
工作过程			

系统安装完毕后按要求进行系统调试，请写出调试步骤。

1. 设置室外主机地址为001栋01单元。

2. 设置室内分机地址，分别为101房间、201房间，给每个房间配置一张IC卡。

3. 设置IC卡，能够实现刷卡开锁。

工作评价

你主要承担的工作内容：

序号	评价项目及权重	学生自评	小组长价
1	工作纪律和态度（20分）		
2	工作量（30分）		
3	实践操作能力（30分）		
4	团队协作能力（20分）		
小　计			
1	自评互评（40分）		
2	小组成绩（20分）		
3	工作情况（40分）		
总　分			

5.3 防 盗 报 警 系 统

5.3.1 目的与要求

1. 任务目的

(1) 认识防盗报警系统的主要设备；

(2) 会进行防盗报警系统各主要设备之间的导线连接；

(3) 会防盗报警系统的功能调试。

2. 任务要求

以小组为单位，根据接线图，对各设备进行导线连接，按要求进行系统调试，并完成学生工作页。

5.3.2 工具与计划

1. 场地

楼宇智能化实训室。

2. 分组

一个小组 6～8 人。

3. 时间

1 学时。

4. 仪器工具

(1) 防盗报警系统设备、万用表、螺丝刀、号码管、塑料卡、自攻螺钉。

(2) 自带计算器、铅笔。

5.3.3 要点与流程

1. 要点

防盗报警及周边防范系统由大型报警主机、液晶键盘、打印机接口模块、多路总线驱动器、六防区报警主机、震动探测器、玻璃破碎探测器、感温探测器、烟雾探测器、红外对射探测器、声光报警器、红外幕帘探测器等部件组成。能够构建一套典型防盗报警及周边防范系统，实现建筑模型之间的防盗报警功能。

用物理方法或电子技术，自动探测发生在布防区域内的入侵行为，产生报警信号，并辅助提示值班人员发生报警的区域部位，显示可能采取对策的系统，乘坐防盗报警系统。防盗报警系统是预防抢劫、盗窃等意外事件的重要措施。一旦发生突发事件，就能通过声光报警信号在安保控制中心准确地显示出出事地点，便于迅速采取应急措施。

智能楼宇内的防盗报警系统负责对建筑内外各个点、线面和区域巡查报警任务，它一般由探测器、区域控制器和报警控制中心三部分组成。最底层是探测器和执行设备，负责探测非法入侵人员，由异常情况时，发出声光报警，同时向区域控制器发送信息。区域控制器负责对下层探测设备的管理，同时向控制中心传送区域报警情况。通常一个区域控制器、探测器加上声光报警设备就可以构成一个简单的报警系统。但对于整个智能楼宇来说，这必须设置安保控制中心，能起到对整个防盗报警系统的管理和系统集成。

2. 流程（图 5-2）

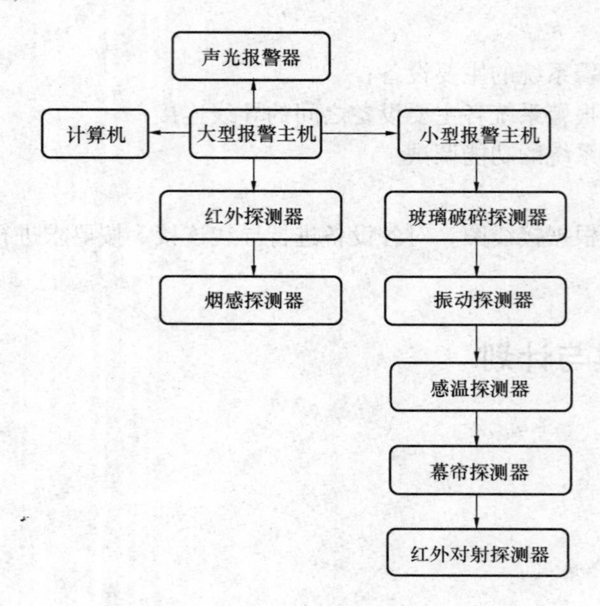

图 5-2 流程

5.3.4 规范与依据

1. 系统电源

本系统电气控制部分采用配电箱集中供电，子系统从这里引出电源。强电部分有漏电、短路保护装置，供输出接口；弱电部分设有短路保护装置，可以提供 DC＋12V、DC＋18V、AC24V 共三种电压输出。配电箱采用优质端子排作为输出接口，每组输出配有四个接线端口。

2. 技术性能

（1）输入电源：单相三线 220V±10％ 50Hz 。

（2）工作环境：温度－10℃～40℃ 相对湿度≤85％（25℃）海拔＜4000m 3. 装置容量：≤1. 0kVA 。

（3）外型尺寸：3120mm×1580mm×2310mm 。

（4）安全保护：具有漏电压、漏电流保护，安全指标符合国家标准。

5.3.5 项目工作页（表 5-3）

表 5-3

工作项目	建筑弱电	工作任务	防盗报警系统
知识准备			
工作过程			

系统安装完毕后按要求进行系统调试，请写出调试步骤。

1. 大型报警主机的基本操作与编程，实现布防、撤防和联动声光报警器等功能。

2. 六防区报警主机的基本操作与编程，实现布防、撤防等功能。

3. 系统延时的设置，实现进入延时和退出延时等功能。

工作评价

你主要承担的工作内容：

序号	评价项目及权重	学生自评	小组长价
1	工作纪律和态度（20 分）		
2	工作量（30 分）		
3	实践操作能力（30 分）		
4	团队协作能力（20 分）		
	小　　计		
1	自评互评（40 分）		
2	小组成绩（20 分）		
3	工作情况（40 分）		
	总　　分		

5.4 视频监控系统

5.4.1 目的与要求

1. 任务目的

(1) 认识视频监控系统的主要设备。

(2) 会进行视频监控系统各主要设备之间的导线连接。

(3) 会视频监控系统的功能调试。

2. 任务要求

以小组为单位，根据接线图，对各设备进行导线连接，按要求进行系统调试，并完成学生工作页。

5.4.2 工具与计划

1. 场地

楼宇智能化实训室。

2. 分组

一个小组6～8人。

3. 时间

1学时。

4. 仪器工具

(1) 视频监控系统设备、万用表、螺丝刀、号码管、塑料卡、自攻螺钉。

(2) 自带计算器、铅笔。

5.4.3 要点与流程

1. 要点

视频监控子系统由彩色监视器、矩阵主机、硬盘录像机、高速球型云台摄像机、彩色半球摄像机、枪式摄像机、红外摄像机组成。能够完成对管理中心和智能大楼（小区）的视频监控和录像等功能。

闭路电视监控及周边防范子系统是安全防范技术体系中的一个重要组成部分，是一种先进的、防范能力极强的综合系统。它可以通过遥控摄像机及其辅助设备，直接观看被监视场所的一切情况，把被监视场所的图像传送到监控中心，同时还可以把被监视场所的图像全部或部分地记录下来，为日后某些事件的处理提供了方便条件和重要依据。

2. 流程（图5-3）

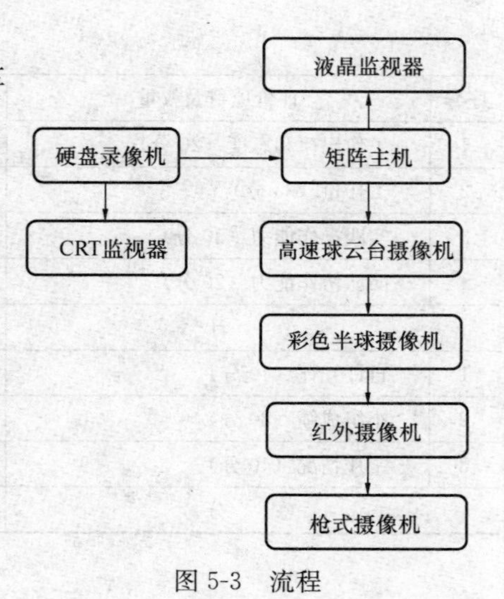

图5-3 流程

5.4.4 规范与依据

1. 系统电源

本系统电气控制部分采用配电箱集中供电，子系统从这里引出电源。强电部分有漏电、短路保护装置，供输出接口；弱电部分设有短路保护装置，可以提供DC+12V、DC+18V、AC24V共三种电压输出。配电箱采用优质端子排作为输出接口，每组输出配有四个接线端口。

2. 技术性能

（1）输入电源：单相三线 220V±10% 50Hz 。

（2）工作环境：温度−10℃～40℃ 相对湿度≤85%（25℃）海拔<4000m ³；装置容量：≤1.0kVA 。

（3）外型尺寸：3120mm×1580mm×2310mm 。

（4）安全保护：具有漏电压、漏电流保护，安全指标符合国家标准。

5.4.5 项目工作页（表5-4）

表 5-4

工作项目	建筑弱电	工作任务	视频监控系统
知识准备			
1. 高速球云台摄像机、枪式摄像机、红外摄像机、半球摄像机、矩阵、硬盘录像机、监视器的电源分别为多少？ 2. 矩阵的队列切换包含哪些内容？ 3. 如何实现高速球型云台摄像机的顺时针360度自动扫描？ 4. 对下面系统图进行导线连接？			

续表

工作项目	建筑弱电	工作任务	视频监控系统

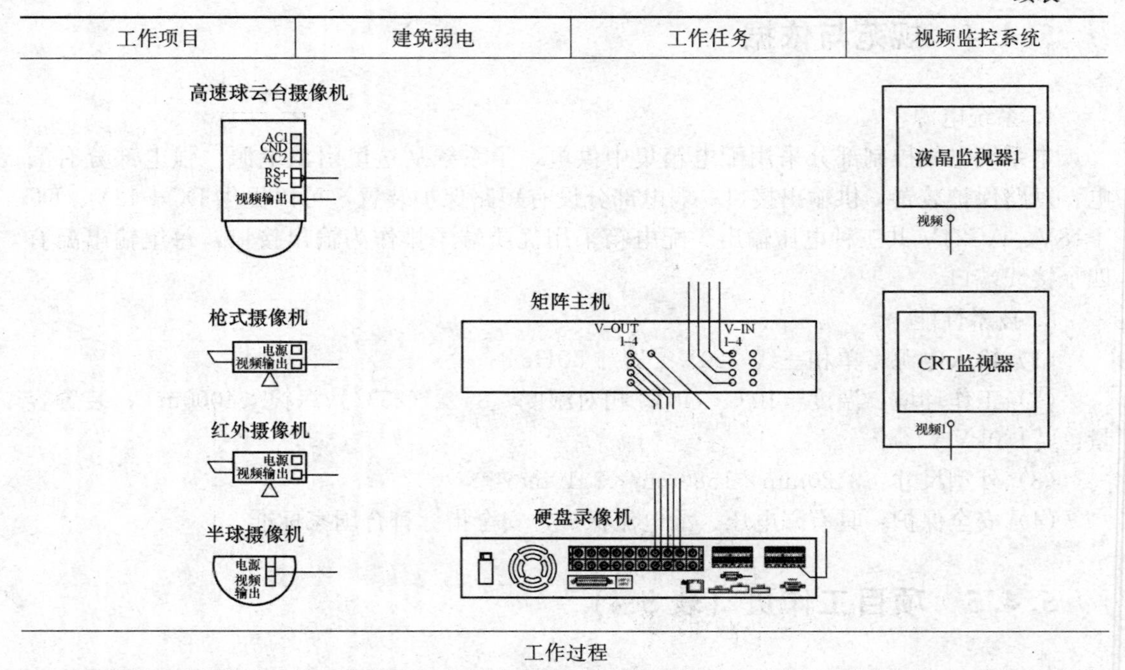

工作过程

系统安装完毕后按要求进行系统调试，请写出调试步骤。

1. 矩阵视频切换，实现矩阵输出视频的切换，包括不同输出通道的切换、输出视频的切换。

2. 监视器使用，实现监视器的图像调整、视频切换、浏览设置。

3. 硬盘录像机视频切换，实现单画面的切换及四画面的切换。

续表

工作项目	建筑弱电	工作任务	视频监控系统
工作评价			

你主要承担的工作内容：

序号	评价项目及权重	学生自评	小组长价
1	工作纪律和态度（20分）		
2	工作量（30分）		
3	实践操作能力（30分）		
4	团队协作能力（20分）		
小　计			
1	自评互评（40分）		
2	小组成绩（20分）		
3	工作情况（40分）		
总　分			

5.5 电子巡更系统

5.5.1 目的与要求

1. 任务目的

(1) 认识电子巡更系统的主要设备。

(2) 会进行电子巡更系统各主要设备之间的导线连接。

(3) 会电子巡更系统的功能调试。

2. 任务要求

以小组为单位，根据接线图，对各设备进行导线连接，按要求进行系统调试，并完成学生工作页。

5.5.2 工具与计划

1. 场地

楼宇智能化实训室。

2. 分组

一个小组 6～8 人。

3. 时间

1 学时。

4. 仪器工具

(1) 电子巡更系统设备、万用表、螺丝刀、号码管、塑料卡、自攻螺钉。

(2) 自带计算器、铅笔。

5.5.3　要点与流程

1. 要点

智能小区巡更系统是小区安全防范系统的重要补充，通过小区内各区域及重要部位的安全巡视，可以实现不留任何死角的小区防范。巡更系统是在小区各区域内及重要部位安装巡更点，保安巡更人员携带巡更器按指定的路线和时间到达巡更点并进行记录，然后将信息传送到管理中心。管理人员可调阅、打印各保安巡更人员的工作情况，加强对保安人员的管理，实现人防和技防的结合。

一套完整的电子巡更巡检系统是由：巡更巡检器、传输线、信息钮、软件管理系统四部分组成即：

(1) 巡更巡检器：即采集器．巡逻时由巡检员携带，按计划设置把信息钮所在的位置，巡更巡检器采集的时间，巡更巡检人员姓名，事件等信息自动记录成一条数据进行分析处理后保存。再通过传输器把数据导入计算机。

(2) 传输线——起到采集器与 PC 机连接的作用。

(3) 信息钮（巡检点）——用于放置在必须巡检的地点或设备上。

(4) 软件管理系统——将有关数据接收分析，并进行处理，提供详尽的巡逻报告，与计划进行对号入座，正确处理巡逻结果数据。

本实训系统中，巡更系统主要用来完成巡更点的安装、巡更器的使用、巡更路线的设置等技能的考核、实训。

2. 流程（图 5-4）

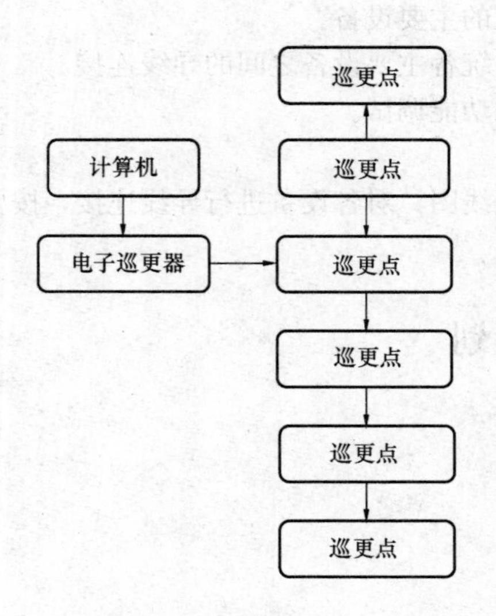

图 5-4　流程

5.5.4 规范与依据

1. 系统电源

本系统电气控制部分采用配电箱集中供电，子系统从这里引出电源。强电部分有漏电、短路保护装置，供输出接口；弱电部分设有短路保护装置，可以提供 DC＋12V、DC＋18V、AC24V 共三种电压输出。配电箱采用优质端子排作为输出接口，每组输出配有四个接线端口。

2. 技术性能

（1）输入电源：单相三线 220V±10％ 50Hz。

（2）工作环境：温度－10℃～40℃ 相对湿度≤85％（25℃）海拔＜4000m 3. 装置容量：≤1.0kVA 。

（3）外型尺寸：3120mm×1580mm×2310mm 。

（4）安全保护：具有漏电压、漏电流保护，安全指标符合国家标准。

5.5.5 项目工作页（表 5-5）

表 5-5

工作项目	建筑弱电	工作任务	电子巡更系统
知识准备			
1. 巡更器中文机内最多存储_______个地点信息？ 2. 巡更人员名称为手动添加，最多___个汉字或者___个字符。 3. 巡更器中文机内最多存储_____ 个人员信息。 4. 巡更软件安装时的注意事项有哪些？			

续表

工作项目	建筑弱电	工作任务	电子巡更系统
工作过程			

1. 通过巡更系统软件设置棒号、设置1名巡更人员名称，按安装的六个信息钮分别设置6个巡更地点，名称为信息点1至信息点6。

2. 设置1条巡更线路，依次按信息点1至信息点6进行巡更，设置为有序计划，到达下一个地点的时间间隔设为1分钟。

3. 至少完成一次巡检，并将巡更有关考核数据保存在计算机D盘“工位号”文件夹下的“巡更系统”子文件夹内。（如2号工位，目录为：D：\2\巡更系统*.*）。

4. 将考核数据打印后粘贴到本页页末。

工作评价

你主要承担的工作内容：

序号	评价项目及权重	学生自评	小组长价
1	工作纪律和态度（20分）		
2	工作量（30分）		
3	实践操作能力（30分）		
4	团队协作能力（20分）		
小　计			
1	自评互评（40分）		
2	小组成绩（20分）		
3	工作情况（40分）		
总　分			

巡更考核数据

项目6　建筑电气施工图

6.1　配电箱-平面图转化练习

6.1.1　目的与要求

1. 任务目的

(1) 熟记配电系统图图例、各种线形含义。

(2) 熟练识读建筑电气系统图中所反应的各种信息。

(3) 熟练掌握建筑电气施工图的识读步骤、识读要点。

2. 任务要求

要求每位同学认真识读所给出的建筑电气施工图，读懂配电系统图，电气平面图，并依照所给出的配电气简图完成电气平面图的绘制。

6.1.2　工具与计划

1. 时间

2学时。

2. 工具

绘图板，绘图工具一套。

6.1.3　要点与流程

1. 要点

(1) 熟悉电气图例符号，弄清图例、符号所代表的内容。常用的电气工程图例及文字符号可参见国家颁布的《电气图形符号标准》。

(2) 针对一套电气施工图，一般应先按以下顺序阅读，然后再对某部分内容进行重点识读。

2. 流程

平面图的阅读可按照以下顺序进行：电源进线——总配电箱——干线——分配电箱——支线——电气设备。

6.1.4　规范与依据

1.《住宅建筑电气设计规范》JGJ 242—2011。
2.《建筑物防雷设计规范》GB 50057—2010。
3.《供配电系统设计规范》。
4.《低压配电设计规范》。
5.《住宅设计规范》。
6.《低压配电设计规范》。
7.《住宅设计规范》。

6.1.5　项目工作（表 6-1）

表 6-1

工作项目	建筑电气施工图	工作任务	配电箱一平面图转化练习

建筑电气施工图常用图例：

图例	名称
	声控开关
	暗装单极开关
	暗装双极开关
	暗装三极开关
	双联二三极暗装插座
	带保护接点密闭插座
	天棚灯
	双联二三极暗装插座
	壁灯
	普通灯
	防水防尘灯
	八叉荔枝花吊灯
	双管荧光灯
	照明配电箱

建筑给排水系统图的识读：

1. 电气工程图的图幅规格分 5 类，为 A0～A4，其中 A2 图纸的图幅尺寸为________。
2. ______________是表现各种电气设备和线路安装与敷设的图纸。
3. 采用________绘制的电气系统图，简单，明了，能清楚地注明导线型号、规格、配线方法，给工程量计算带来方便。
4. 建筑物中的供电系统采用__________供电的安全性，可靠性最好。
5. 电气平面图是按简图形式绘制的，平面图中的设备和线路的安装及敷设可用__________、____________和___________。

续表

工作项目	建筑电气施工图	工作任务	配电箱一平面图转化练习
工作过程			

1. 认真识读给出的某建配电系统图，查明该建筑内部动力、照明及其他日用电气的供配电情况。了解整个建筑配电系统的配电方式、结构情况、配电装置的规格及各段导线型号、线路敷设方式。

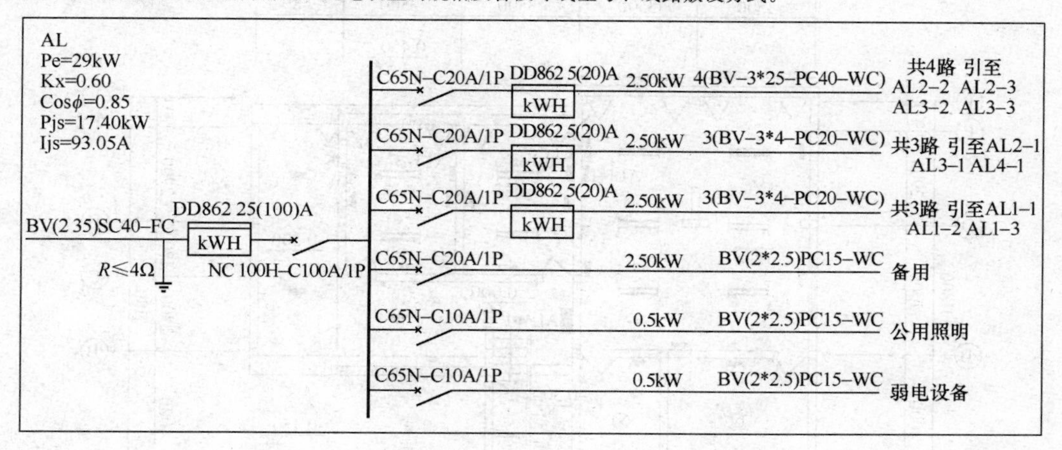

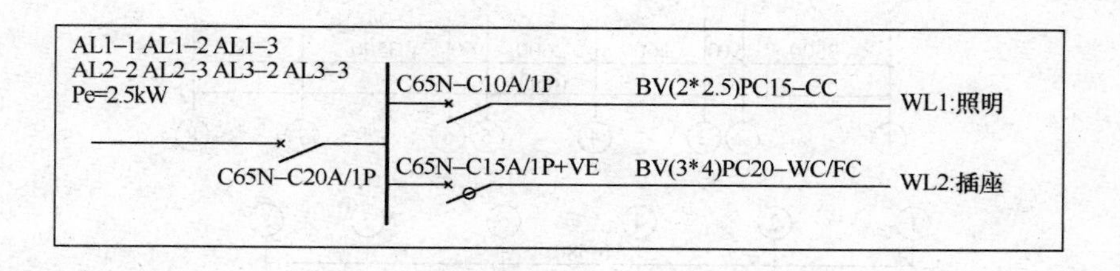

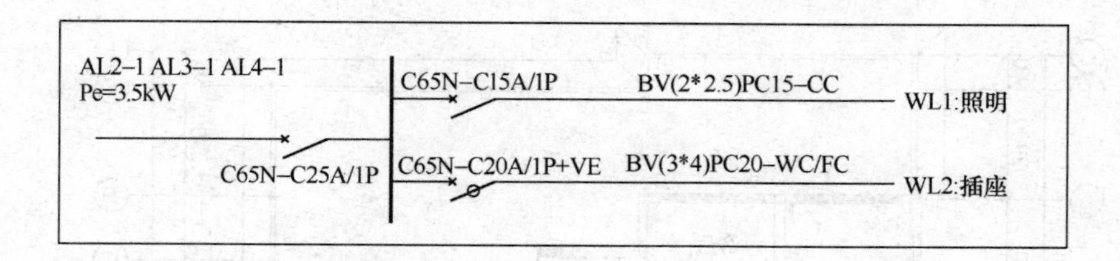

工作项目	建筑电气施工图	工作任务	配电箱—平面图转化练习

2. 根据该建筑的配电系统图，将该建筑的电气拼命图补充完整。

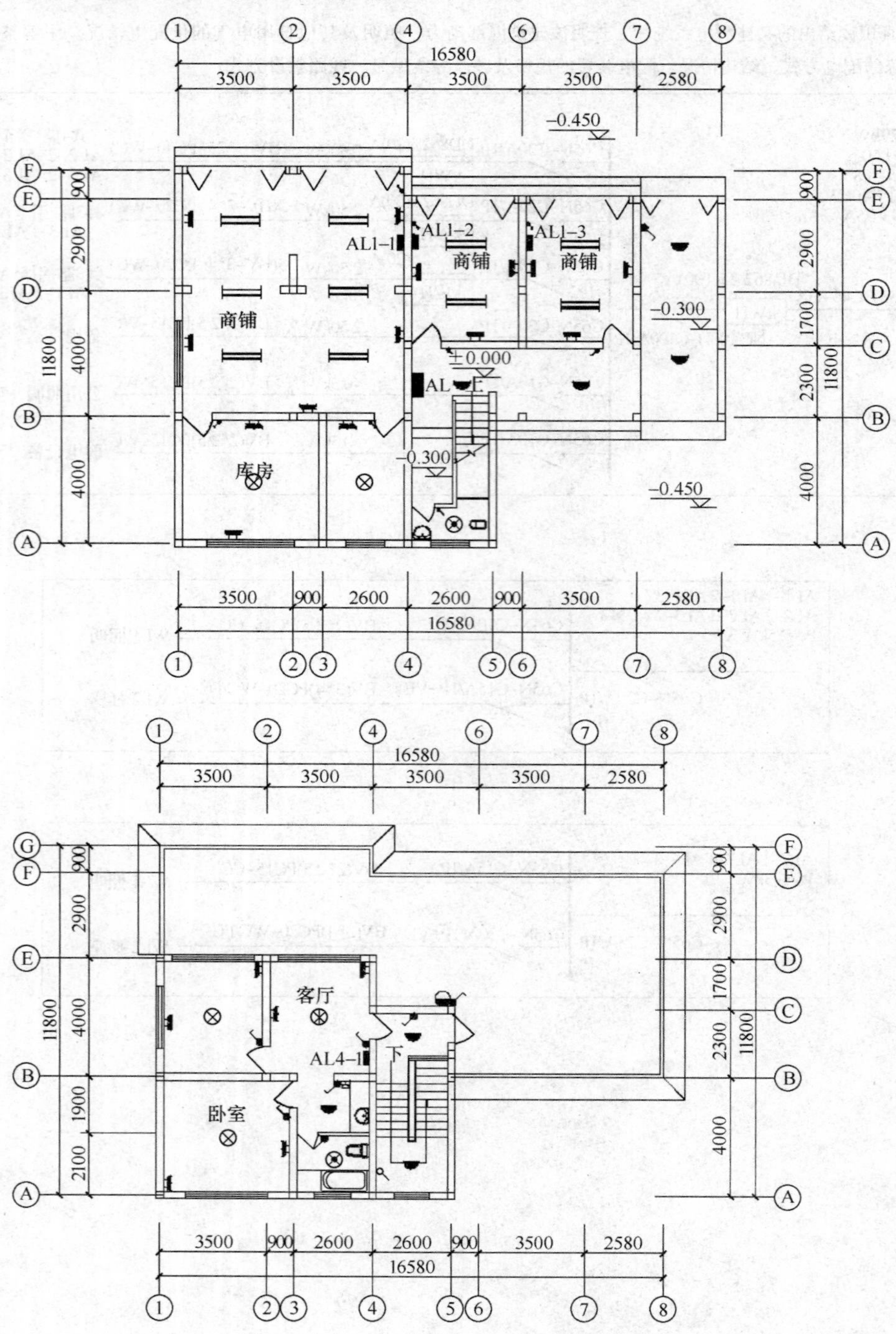

续表

工作项目	建筑电气施工图	工作任务	配电箱一平面图转化练习
工作评价			

你主要承担的工作内容：

序号	评价项目及权重	学生自评	教师评价
1	工作纪律和态度（20 分）		
2	工作量（20 分）		
3	读图能力（30 分）		
4	绘图能力（30 分）		
总　分			

6.2 平面图-配电箱转化练习

6.2.1 目的与要求

1. 任务目的

(1) 熟记配电系统图图例、各种线形含义。

(2) 熟练识读建筑电气系统图中所反应的各种信息。

(3) 熟练掌握建筑电气施工图的识读步骤、识读要点。

(4) 掌握配电系统图和电气平面图之间的联系。

2. 任务要求

要求每位同学认真识读所给出的建筑电气平面图，结合之前学习的有关电气平面图和电配电系统图的内容，根据给出的电气平面图完成该建筑配电系统图的绘制。

6.2.2 工具与计划

1. 时间

2学时。

2. 工具

绘图板，绘图工具一套。

6.2.3 要点与流程

1. 要点

(1) 熟悉电气图例符号，弄清图例、符号所代表的内容。常用的电气工程图例及文字符号可参见国家颁布的《电气图形符号标准》。

(2) 熟练掌握建筑电气施工图的识读，深入了解电气平面图与配电系统图之间的关系。

2. 流程

看平面图，了解电气设备的规格、型号、数量及线路的起始点、敷设部位、敷设方式和导线根数等。平面图的阅读可按照以下顺序进行：电源进线——总配电箱——干线——分配电箱——支线——电气设备。了解电气系统的基本组成，主要电气设备、元件之间的连接关系以及它们的规格、型号、参数等，掌握该系统的组成概况，绘制配电系统图。

6.2.4 规范与依据

1.《住宅建筑电气设计规范》JGJ 242—2011。

2.《建筑物防雷设计规范》GB 50057—2010。

3.《供配电系统设计规范》。

4.《低压配电设计规范》。

5.《住宅设计规范》。

6.《低压配电设计规范》。

6.2.5 项目工作页（表 6-2）

表 6-2

工作项目	建筑电气施工图	工作任务	平面图一配电箱转化练习

常用导线与电缆的表示：

配电线路的标注用以表示线路的敷设方式及敷设部位，采用英文字母表示。

配电线路的标注格式为：

a—b(c×b)e—f

例如：BV(3×50＋1×25)SC50—FC 表示线路是铜芯塑料绝缘导线，三根 $50mm^2$，一根 $25mm^2$，穿管径为 50mm 的钢管沿地面暗敷。

工作过程

1. 认真识读给出的某建配解电气设备的规格、型号、数量及线路的起始点、敷设部位、敷设方式和导线根数等。

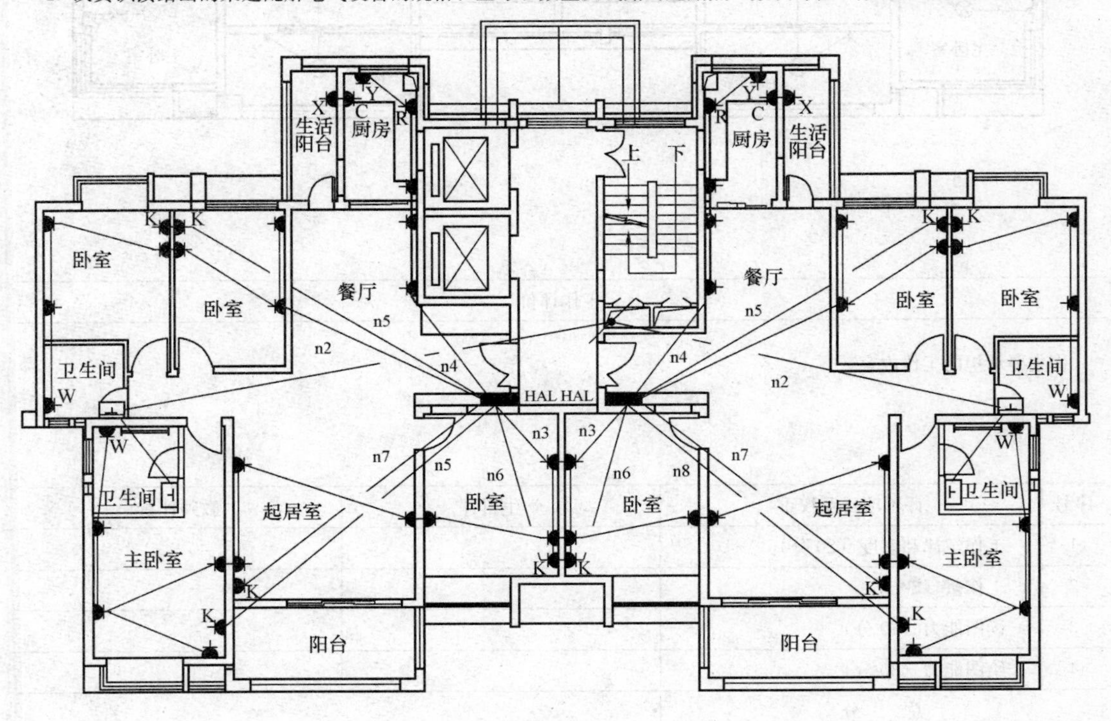

续表

工作项目	建筑电气施工图	工作任务	平面图一配电箱转化练习

2. 根据给出的电气平面图，绘制该供电系统的配电系统图。

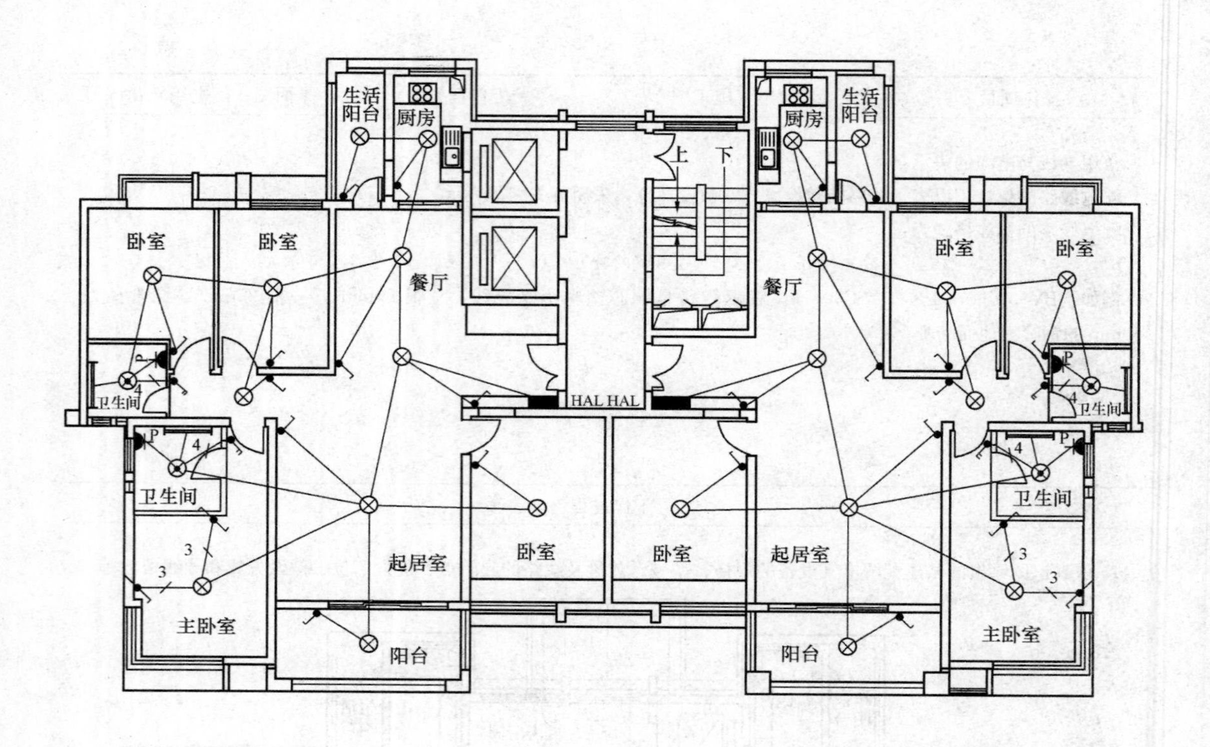

工作评价

你主要承担的工作内容：

序号	评价项目及权重	学生自评	教师评价
1	工作纪律和态度（20 分）		
2	工作量（20 分）		
3	读图能力（30 分）		
4	绘图能力（30 分）		
	总　　分		

续表

工作项目	建筑电气施工图	工作任务	平面图一配电箱转化练习